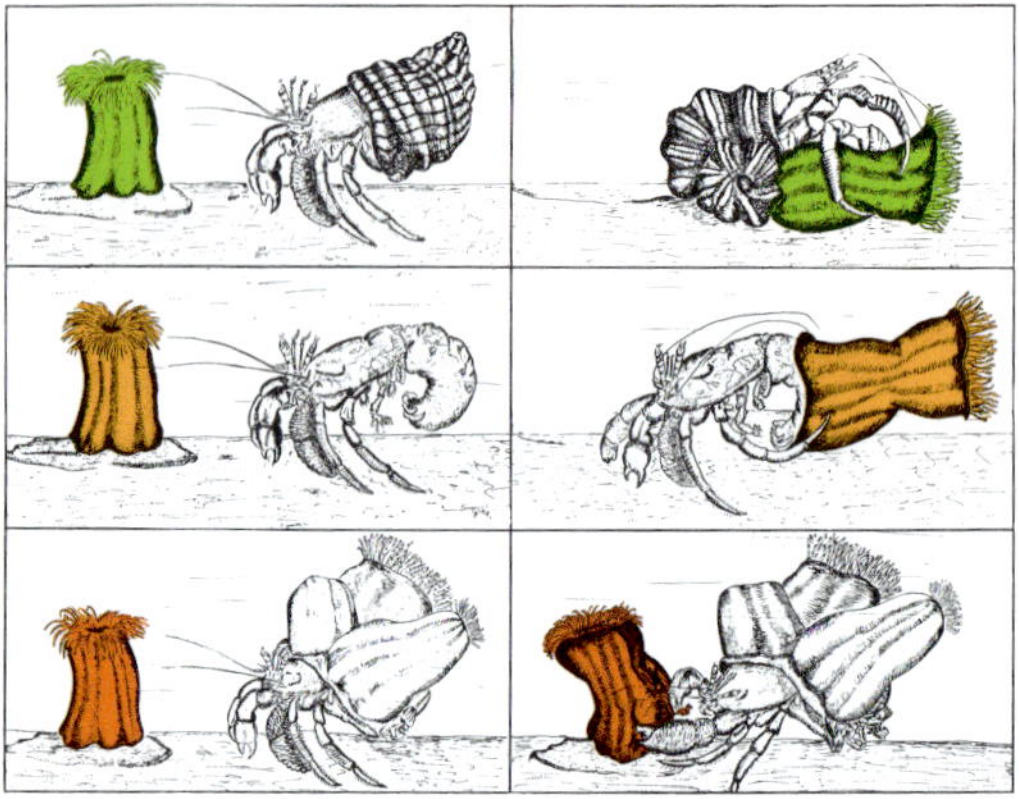

図28 イソギンチャクとヤドカリ
(本文89頁参照)

図29 人間にとっての部屋

図30　イヌにとっての部屋

図31　ハエにとっての部屋
（図29－31　本文95頁参照）

岩 波 文 庫

33-943-1

生物から見た世界

ユクスキュル
クリサート 著

日高敏隆
羽田節子 訳

岩波書店

STREIFZÜGE DURCH DIE UMWELTEN
VON TIEREN UND MENSCHEN
by Jakob von Uexküll

First published 1970
by S. Fischer Verlag GmbH, Frankfurt am Main.

This Japanese edition published 2005
by Iwanami Shoten, Publishers, Tokyo
by arrangement with
Prof. Dr. Thure von Uexküll
through The Sakai Agency, Inc., Tokyo

Translated by HIDAKA Toshitaka & HANEDA Setsuko

生物から見た世界
——見えない世界の絵本

目次

まえがき

序章　環境と環世界　一一

一章　環世界の諸空間　二七

二章　最遠平面　四五

三章　知覚時間　五三

四章　単純な環世界　五九

五章　知覚標識としての形と運動　六九

六章　目的と設計《プラン》　七九

七章　知覚像と作用像　八七
八章　なじみの道　九九
九章　家《ハイム》と故郷《ハイマート》　一〇七
一〇章　仲　間　一一五
一一章　探索像と探索トーン　一二五
一二章　魔術的環世界　一三三
一三章　同じ主体が異なる環世界で客体となる場合　一四五
一四章　結　び　一五五
訳者あとがき（日高敏隆）　一五九

まえがき

この小冊子は新しい科学への入門書として役立とうとするものではない。その内容はむしろ、未知の世界への散策を記したものとでも言えよう。これらの世界は単に未知であるばかりか目にも見えず、それどころか、そういう世界が存在することの正当性は多数の動物学者や生理学者によっておおむね否定されているのである。

この言いかたは、このような世界を知っている人には奇妙に思われるかもしれないが、次のことを考えれば理解されるだろう。すなわち、これらの世界への道は誰にでも開かれているわけではない、いやそれどころか、そこへの入り口となる扉が、ある種の確信によってあまりに堅く閉じられているために、それらの世界をさんさんと照らしている光の輝きが一条すらもこちらへ射してこないのである。

あらゆる生物は機械にすぎないという確信を固守しようとする人は、いつの日か生物の環世界(Umwelt)を見てみたいという希望は捨ててほしい。

しかし生物機械説をまだ信じきっていない人は、次のことを考えてほしい。われわれの日用品と機械はすべて人間の補助具以外のものではない。つまりそれは仕事の補助具――いわゆる作業道具(Werkzeuge)であり、天産物の加工工場で使われるすべての大型機械、さらには鉄道、自動車、飛行機がみなそれに属する。また、望遠鏡、眼鏡、マイクロフォン、ラジオ受信機などのように、知覚道具(Merkzeuge)とでも呼びうる知覚の補助具もある。

そうなると、動物は、適切な知覚道具と作業道具が選ばれてそれがある制御装置によって結び合わされ、依然として機械のままであるとはいうものの、動物の生活機能を果たすに適した一つの全体となったものだ、と考えるのは自然であろう。だがじつはこれこそ、硬直した機械論(Mechanismen)と柔軟な力動論(Dynamismen)のどちらをより多く念頭におくかのちがいはあるにせよ、要するにすべての機械理論家の見解なのである。動物はこれによって純粋な客体(Objekt)だというレッテルをはられる。だがここで忘れられているのはその補助具を利用して知覚したり活動したりしている主体(Subjekt)という最も重要なもののことに、はじめから一言も触れていないということだ。

結合された知覚-作業道具というありえない構造をひねりだすことによって、(動物自体が知覚したり働きかけたりするということも考えずに）動物において知覚器官と運動器官を機械の部品のようにつなぎあわせてしまったばかりでなく、人間をも機械化するにおよんでいる。行動主義心理学者の見解によると、われわれの感情やわれわれの意志は外見だけのものにすぎず、せいぜい邪魔な雑音だと評価されるのが落ちである。

しかし、われわれの感覚器官がわれわれの知覚に役立ち、われわれの運動器官がわれわれの働きかけに役立っているではないかと考える人は、動物にも単に機械のような構造を見るだけでなく、それらの器官に組み込まれた機械操作係(Maschinist)を発見するであろう。われわれ自身がわれわれの体に組み込まれているのと同じように。するとその人は、動物はもはや単なる客体ではなく、知覚と作用とをその本質的な活動とする主体だと見なすことになるであろう。

しかしそうなれば環世界に通じる門はすでに開かれていることになる。なぜなら、主体が知覚するものはすべてその知覚世界(Merkwelt)になり、作用するものはすべてその作用世界(Wirkwelt)になるからである。知覚世界と作用世界が連れだって環世界(Umwelt)という一つの完結した全体を作りあげているのだ。

環世界は動物そのものと同様に多様であり、じつに豊かでじつに美しい新天地を自然の好きな人々に提供してくれるので、たとえそれがわれわれの肉眼ではなくわれわれの心の目を開いてくれるだけだとしても、その中を散策することは、おおいに報われることなのである。

このような散策は、日光がさんさんと降りそそぐ日に甲虫が羽音をたてチョウが舞っている花の咲きみだれる野原からはじめるのがいちばんだ。野原に住む動物たちのまわりにそれぞれ一つずつのシャボン玉を、その動物の環世界をなしその主体が近づきうるすべての知覚標識で充たされたシャボン玉を、思い描いてみよう。われわれ自身がそのようなシャボン玉の中に足を踏みいれるやいなや、これまでその主体のまわりにひろがっていた環境は完全に姿を変える。カラフルな野原の特性はその多くがまったく消え去り、その他のものもそれまでの関連性を失い、新しいつながりが創られる。それぞれのシャボン玉のなかに新しい世界が生じるのだ。

このような世界をともに歩きまわろうと、この旅行記は読者を誘う。筆者らはこの本を作るにあたって、一人(ユクスキュル)が本文を書き、もう一人(クリサート)が絵の題材に配慮するというように仕事を分担した。

われわれはこの旅行記によって決定的な一歩を進め、環世界というものが現実に存在することと、そしてここに無限に豊かな新しい研究分野が開かれることをたくさんの読者に確信してもらいたいと願っている。同時にこの本は、ハンブルクの環世界研究所で仕事をしている協同研究者共通の研究精神について証言しようとするものである。(1)

コクマルガラスとホシムクドリについての豊かな経験を説明する絵をお送りいただいて、われわれの仕事を支援してくださったK・ローレンツ博士に深く感謝している。エッガース教授はガの研究について詳細な報告を寄せてくださった。著名な水彩画家フランツ・フート氏はわれわれのために部屋の絵とカシワの絵を描いてくださった。図46と図59はトゥーレ・フォン・ユクスキュルが描いたものである。これらすべての方々に心から感謝の意を表したい。

一九三三年一二月　ハンブルクにて

ヤーコプ・フォン・ユクスキュル

(1)　フリードリヒ・ブロック「ヤーコプ・ヨハン・フォン・ユクスキュルの著作および環世界研究所に由来する研究の目録」(Friedrich Brock, Verzeichnis der Schriften Jakob Johann von Uexkülls und der aus dem Institut für Umweltforschung hervorgegangenen Arbeiten, in *Sudhoffs Archiv f. Gesch. d. Medizin u. d. Naturwiss.*, Bd. 27, H. 3-4, Leipzig, 1934)参照。

序章　環境と環世界

イヌを連れて森や茂みの中を歩きまわることも多い田舎の住人なら、茂みの小枝にぶらさがって獲物《えもの》を待ち伏せているちっぽけな動物を知っているにちがいない。そいつは人間であれ動物であれ、その獲物に跳びついて生き血を腹いっぱい吸う。すると、一ミリか二ミリしかなかったこの動物はたちまちエンドウ豆大に膨《ふく》れあがる(図1)。

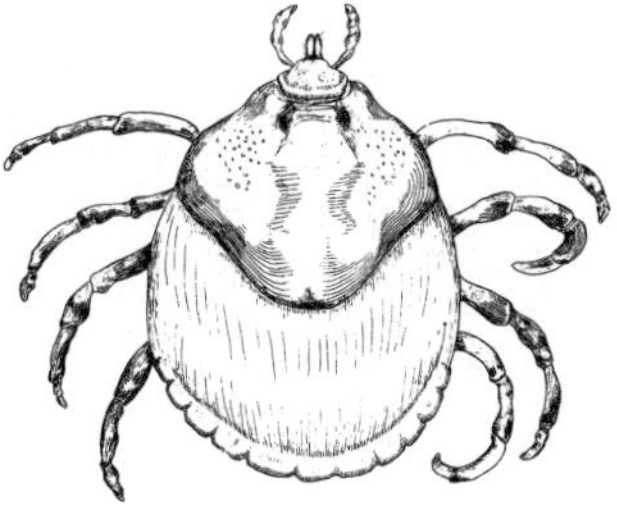

図1 マダニ

マダニは哺乳《ほにゅう》類や人間にとって、危険でこそないが不快な客である。マダニの生活史は近年の研究によって多くの詳細な点についてまで明らかにされているので、ほぼ完璧な全体像を描くことができる。

まず、肢《あし》がまだ一対足らず、生殖器官もまだない未完成な小動物が卵から這《は》いだしてくる。この状態ですでに、この小動物は草の茎にとまって待ち伏せ、トカゲのような冷血動物を襲うことができる。何度も脱皮をくりかえしたのち、欠けていた器官を獲得し、いよいよ温血動物の狩りにとりかかる。

雌《めす》は交尾を終えると、八本肢を総動員して適当な灌木《かんぼく》の枝先までよじのぼる。これは、十分な高さから下を通りかかる小哺乳類の上に落ちるか、大型動物にこすりとられるかするためである。

この目のない動物は、表皮全体に分布する光覚を使ってその見張りやぐらへの道を見つける。この盲目で耳の聞こえない追いはぎは、嗅覚によって獲物の接近を知る。哺乳類の皮膚腺から漂い出る酪酸《らくさん》の匂いが、このダニにとっては見張り場から離れてそちらへ身を投げろという信号(Signal)として働く。そこでダニは、鋭敏な温度感覚が教えてくれるなにか温かいものの上に落ちる。するとそこは獲物である温血動物の上で、あとは触覚によってなるべく毛のない場所を見つけ、獲物の皮膚組織に頭から食い込めばいい。こうしてダニは温かな血液をゆっくりと自分の体内に送りこむ。

人工膜と血液以外の液体をもちいた実験で、マダニには味覚が一切ないことがわかった。膜に孔《あな》をあけたあとは、温度さえ適切ならばどんな液体でも受けいれるからである。

酪酸の知覚標識(Merkmal)が働いたのちに、ダニがなにか冷たいものの上に落ちてしまった場合は、そのダニは獲物を射止めそこねたわけで、もう一度見張り場に登りなおさねばならない。

このダニにとってたっぷりの血のごちそうはまた最後の晩餐でもある。というのは、彼女にはもう、地面に落ちて産卵し死ぬほかになにもすることがないからだ。

このダニの一連の生活過程は、これまでは慣例であった生理学的な扱いより生物学的な考察方法のほうが確実であるということを立証する一つの試金石を、われわれに提供してくれている。

生理学者にとってはどんな生物も自分の人間世界にある客体である。生理学者は、技術者が自分の知らない機械を調べるように、生物の諸器官とそれらの共同作用を研究する。それにたいして生物学者は、いかなる生物もそれ自身が中心をなす独自の世界に生きる一つの主体である、という観点から説明を試みる。したがって生物は、機械にではなく機械をあやつる機械操作係にたとえるほかはないのである。

要するに問題は、ダニは機械なのか機械操作係なのか、単なる客体なのかそれとも主体なのか、ということである。

生理学は、ダニは機械だと断言し、ダニには受容器すなわち感覚器官と実行器すなわち行為器官が区別され、それらは中枢神経系にある制御装置によって互いにつながっていると言うだろう。全体が一つの機械であって、操作係にあたるものは何一つないのである。

「まさにそこに誤りがあるのだ。ダニの体のどこをとっても機械の性格はなく、いたるところで機械操作係が働いている」。こう生物学者は答えるであろう。

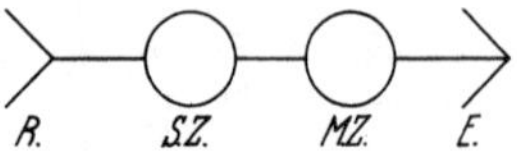

図 2 反射弓

R：受容器　*SZ*：知覚神経細胞
MZ：運動神経細胞　*E*：実行器

だが生理学者は動ずることなくこう続けるだろう。「まさにダニの場合、すべての行為はもっぱら反射[1]だけに基づいている。そして反射弓《はんしゃきゅう》がそれぞれの動物機械の基盤となっている(図2)。それは受容器、すなわち酪酸や温度など特定の外部刺激だけを受け入れ他はすべて遮断する装置ではじまり、歩行装置や穿孔《せんこう》装置といった実行器を動かす筋肉で終わる。

感覚的興奮を引き起こす「知覚」神経細胞と運動インパルスを引き起こす「運動」神経細胞には、外部刺激に応じて受容器が神経内に生みだす完全に身体的な興奮の波を実行器の筋肉に伝えるための接続部分としての役目しかない。反射弓全体はあらゆる機械と同様に運動の伝達によって働く。一人であれ複数であれ機械操作係のような主体的な要因はこの現象のどこにも見られない」。

「事態はまるで反対だ」と生物学者は答えるだろう。「われわれに関わりがあるのは、すべて機械操作係であって、機械の部分ではない。なぜなら、反射弓の個々の細胞はすべて、運動の伝達によってではなく刺激の伝達によって働いている。だが刺激は主体によって感じとられるものであって、客体に生じるものではない」。

たとえば鐘の舌がそうであるように、機械のどの部分も、きまったやりかたで左右に揺すられたら機械的に働くだけである。暑さ、寒さ、酸、アルカリ、電流といった他のあらゆる干渉に対しては、ただ一枚の金属片としての反応を示すだけだ。一方、筋肉がまったく別の振舞いをすることは、ヨハネス・ミュラー（2）以来知られている。筋肉はあらゆる外的干渉に対して同じ方法で、つまり収縮によって反応する。どんな外的干渉もすべて同じ刺激に変えて、その筋肉細胞に収縮を引き起こす同じインパルスで応えるのである。

ヨハネス・ミュラーはさらに、われわれの視神経が出合うあらゆる外部作用は、エーテル波であれ圧力であれ電流であれ、同じように光感覚をよびおこすこと、つまり、われわれの視細胞は同じ「知覚記号(Merkzeichen)」で応えることを示している。

そこで、それぞれの生きた細胞は感知し作用する機械操作係であり、したがってそれに固有の(特異的な)知覚記号と、インパルスすなわち「作用記号(Wirkzeichen)」をもっているのだと結論できよう。それゆえに、動物主体全体の多様な知覚と作用は、小さな細胞という機械操作係の共同作業によるものであって、それぞれは個々の知覚記号ないし作用記号を操っているだけなのである。

秩序ある共同作業を可能にするために、生物体は脳細胞(これも基本的な機械操作係である)を利用し、その半分を脳の刺激受容部分すなわち「知覚器官(Merkorgan)」の「知覚細胞群(Merkzellen)」として大小の集団に分けている。これらの集団は、外部から動物主体に迫ってくる問いかけの刺激のグループに対応している。残り半分の脳細胞を生物体は、「作用細胞群(Wirkzellen)」あるいはインパルス細胞群として用い、それらを、動物主体の答えを外界に与える実行器の運動を制御する集団としてまとめている。

知覚細胞の集団は脳の「知覚器官」を構成し、作用細胞の集団は脳の「作用器官(Wirkorgan)」の中身をなしている。

もしこのことから、知覚器官とはいろいろな特異的な知覚記号の担い手である細胞機械操作係の集団が働いたり休んだりする場であると想像してもよいのなら、それらの機械操作係はやはり空間的に切り離された個別の存在であると言える。それらがもつ知覚記号も、もしそれらが空間的に固定された知覚器官以外のところで融合して新しい単位になるという可能性をもたないとすれば、それぞれが孤立したままでいるだろう。しかし実際その可能性は存在するのである。一グループの知覚細胞の知覚記号は、その知覚器官の外で、いや動物の体の外で、集まって一つになり、そのまとまりが動物主体の外にある客体の特性になる。これはわれわれすべてによく知られた事実である。われわれ人間に感じられる感覚のすべて、つまりわれわれに特異的な知覚記号のすべてが一つにまとまって、われわれの行為のための知覚標識として役立つ外界事物の特性となるのである。「青い」という感じが空の「青さ」になり、「緑色」という感じが芝生の「緑」になる。われわれは青いという知覚標識で空を認識し、緑色という知覚標識で芝生を認識するのである。

まったく同じことが作用器官でもおこる。ここでは作用細胞が基本的な機械操作係の役を果たしており、この場合、それらはそれぞれの作用記号すなわちインパルスに応じてきちんと区分けされたグループに配置されている。ここでも、ばらばらの作用記号を一つにまとめる可能性があり、それらの作用記号はそれ自体まとまった運動インパルスとして、つまりリズミカルに構成されたインパルスのメロディーとして、その支配下にある筋肉に作用する。すると、筋肉によって作動を開始された実行器は、主体の外にある客体にその「作用標識(Wirkmal)」を刻みつけるのである。

主体の実行器が客体に与える作用標識は、――たとえば、ダニに襲われた哺乳類の皮膚にダニの口吻《こうふん》でつけられた傷口のように――簡単に認識できる。しかし、自らの環世界で活動するダニの像が完成されるには、酪酸と温度という知覚標識を見つけだす苦労があった。

たとえていうなら、各動物主体はピンセットの二本の脚、すなわち知覚の脚と作用の脚で客体を摑んでいるようなものである。片方の脚で客体に知覚標識を与え、もう片方の脚で作用標識を与えるのである。それによって、客体のある特性が知覚標識の担い手になり、別の特性が作用標識の担い手になる。ある客体の特性はすべて、その客体の構造を通じて互いに結びついているので、作用標識によってとらえられた特性は、知覚標識を担う特性に客体を通じて影響をおよぼすとともに、知覚標識自体がみずからを変化

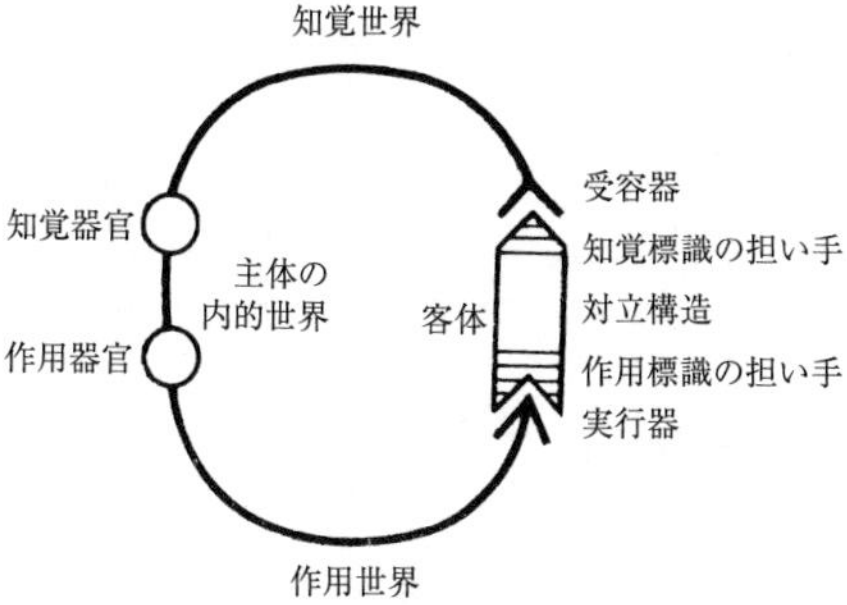

図3 機能環

させるように作用しなくてはならない。これを手短かに表現するなら、作用標識は知覚標識を消去するということになる。

すべての動物主体の一つ一つの行動の過程にとって重要なものとして、受容器が通過させる刺激の選択と、実行器にある特定の活動の可能性を与える筋肉の配置があるが、それらとならんでとりわけ重要なのが、知覚記号をつかって環世界の客体に知覚標識を認める知覚細胞の数と配置、および、作用記号によって同じ客体に作用標識をつける作用細胞の数と配置である。

客体が主体の行動に関われるのは、それが一方では知覚標識の担い手になり、他方では作用標識の担い手になれる(この二つは対立構造によってつながっている)という欠くことのできない特性をそなえている限りにおいてである。

主体の客体に対する関係は、前頁の機能環(Funktionskreis)の図でたいへんわかりやすく説明されている(図3)。この図は主体と客体がいかにぴったりはめこまれており、一つの組織立った全体を形成しているかを示している。さらに、一つの主体が多くの機能環によって同じあるいはさまざまな客体と結ばれていると想像してみれば、環世界説の第一の基本法則を見抜くことができる。つまり、動物主体は最も単純なものも最も複雑なものもすべて、それぞれの環世界に同じように完全にはめこまれている。単純な動物には単純な環世界が、複雑な動物にはそれに見合った豊かな構造の環世界が対応しているのである。

ここで、ダニを主体とし、哺乳《ほにゅう》類をその客体としてこの機能環の図にあてはめてみよう。すると、三つの機能環が組織立って次つぎに進行することがすぐにわかる。哺乳類の皮膚腺は最初の回路の知覚標識の担い手である。なぜなら酪酸という刺激が知覚器官の中で特異的な知覚記号を解発《かいはつ》し、それらが嗅覚標識として外へ移されるからである。知覚器官の中のこの出来事は、誘導(これがなにかはわからないが)によって作用器官に相応のインパルスを生じさせ、これが肢を離して落下することを引き起こす。落下するダニはぶつかった哺乳類の毛に衝撃という作用標識を与え、これがダニの側に触覚という知覚標識を解発し、それによって酪酸という嗅覚標識が消去される。この新しい知覚標識はダニに歩きまわる行動を解発し、やがて毛のない皮膚に到達すると温かさという知覚標識によって歩きまわるのは終わり、代わりに食いこむ行動がはじまる。

ここでは明らかに、互いに交代する三つの反射が関係しており、それらはつねに客観的に確認できる物理的もしくは化学的作用によって解発される。しかし、この確認で満足し、問題が解決されたと考える人は、実際の問題をまったくわかっていなかったことを証明しているだけである。酪酸の化学刺激には疑問の余地はないし、(毛によって引き起こされる)機械的刺激や皮膚温の刺激にも問題はない。問題は、哺乳類の体の特性に根ざす何百もの作用のうち、ダニにとって知覚標識の担い手となるのが三つだけであること、そして、なぜよりによってこの三つであってほかのものでないのか、ということである。

われわれに関係があるのは二つの客体の間の力の交換ではない。問題は生きている主体とその客体との間の関係であり、この関係はまったく異なるレベルで、つまり、主体の知覚記号と客体の刺激との間でおこるということである。

ダニは森の空き地の枝先にじっとぶらさがっている。その位置のおかげでダニは通りかかる哺乳類の上に落ちるという可能性を与えられている。ダニには環境のどこからもなんの刺激も入ってこない。そこに哺乳類がやってくるのだが、ダニはその血液を、子孫を残すために必要としている。

そこでたいへん不思議なことがおこる。哺乳類の体に由来するあらゆる作用のうち三つだけが、しかもそれらが一定の順序で刺激になるのである。ダニをとりまく巨大な世界から、三つの刺激が闇の中の灯火信号のように輝きあらわれ、道しるべとしてダニを確実に目標に導く役目をする。これを可能にするために、ダニには受容器と実行器をそなえた体のほかに知覚標識として利用できる三つの知覚記号が与えられている。そしてダニはこの知覚標識によって、まったくきまった作用標識だけを取り出すことができるよう行動の過程をしっかり規定されている。

ダニを取り囲む豊かな世界は崩れさり、重要なものとしてはわずか三つの知覚標識と三つの作用標識からなる貧弱な姿に、つまりダニの環世界に変わる。だが環世界のこの貧弱さはまさに行動の確実さの前提であり、確実さは豊かさより重要なのである。

このダニの例から、すべての動物に当てはまる環世界の輪郭の概略を導きだすことができる。しかしダニは、環世界へのわれわれの洞察をさらに広げてくれるたいへん不思議なもう一つの能力をそなえているのである。

ダニのとまっている枝の下を哺乳類が通りかかるという幸運な偶然がめったにないことはいうまでもない。茂みで待ち伏せるダニの数がどんなに多くても、この不利益を十分埋め合わせて種の存続を確保することはできない。ダニが獲物に偶然出合う確率を高めるには、食物なしで長期間生きられる能力もそなえていなければならない。もちろんダニのこの能力は抜群である。ロストックの動物学研究所では、それまですでに一八年間絶食しているダニが生きたまま保存されていた。ダニはわれわれ人間には不可能な一八年という歳月を待つことができる。(3) われわれ人間の時間は、瞬間、つまり、その間に世界がなんの変化も示さないような最短の時間の断片がつらなったものである。一瞬が過ぎゆく間、世界は静止している。人間の一瞬は一八分の一秒である。(4) 後に述べるように、瞬間の長さは動物の種類によって異なるが、ダニにどんな数値を当てようと、まったく変化のない環世界に一八年間耐えるという能力は、とうていありうるものとは思われない。このことから、ダニはその待機期間中は一種の睡眠に似た状態にあるものと仮定しよう。そのような状態ではわれわれ人間でも何時間かの間、時間が中断される。ダニの環世界の時間は待機期間中、何時間どころか何年にもわたって停止しており、酪酸の信号がダニを新たな活動によびさますにおよんで、ようやくふたたび動きはじめるのである。

この認識からなにが得られたであろうか。それはたいへん重要なことである。時間はあらゆる出来事を枠内に入れてしまうので、出来事の内容がさまざまに変わるのに対して、時間こそは客観的に固定したものであるかのように見える。だがいまやわれわれは、主体がその環世界の時間を支配していることを見るのである。これまでは、時間なしに生きている主体はありえないと言われてきたが、いまや生きた主体なしに時間はありえないと言わねばならないだろう。

次章では、空間にも同じことが言えることがわかるであろう。生きた主体なしには空間も時間もありえないのである。これによって生物学はカントの学説と決定的な関係をもつことになった。生物学は環世界説で主体の決定的な役割を強調することによって、カントの学説を自然科学的に活用しようとするものである。

(1) 反射とは本来鏡が光線を受けてはね返すことを意味する。これを生物に転用し、受容器によって外部刺激を受け取り、その刺激に対して実行器を通じて応えることを反射と解釈する。その際、刺激は神経興奮に変えられ、それが多数の中継点を経て受容器から実行器へ到達する。そのとき通過する道を反射弓という。

（2）ヨハネス・ミュラー(Johannes Müller, 1801-1858) 近代生理学の創始者。

（3）ダニはあらゆる点で長い絶食期間に向いた造りになっている。〔交尾のあとの〕待機期間中に雌がもっている精子は精包の中にまとまって入っている。哺乳類の血液がダニの胃に入ってくると、精子は開放されて卵巣内で休んでいた卵を受精させる。ダニは、待ちに待って手に入れる獲物という客体に対しては完全に適応しているが、長い待ち時間をかけたにもかかわらず実際に受精がおこる確率はきわめて小さい。ボーデンハイマーは、大部分の動物が暮らしているペシマール(pessimal)な、つまり考えうる限り不利な世界について語っているが、この点で彼はまことに正しかった。ただ、ここでいう世界とは動物たちの環世界(Umwelt)ではなく、彼らの環境(Umgebung)のことである。オプティマール(optimal)な、つまり考えうる限り有利な環世界とペシマールな環境という組み合わせは、一般的な法則であるといえるだろう。どんなにたくさん個体が死んでも、種が保たれている根拠はそこにあるのだから。もしある種にとって環境がペシマールでなかったとしたら、その種はオプティマールな環世界のおかげで他のすべての種に君臨する優位を占めることになってしまうだろう。

（4）その証拠となるのは映画である。フィルムの上映の際、各こまは断続的に次つぎと繰り出されては停止することが必要である。映像をはっきり見せるためには、遮光部分の通過によって断続的な繰り出しが目に見えないようにしなくてはならない。各こまの停止とその暗転が一八分の一秒以内におこるなら、その際に登場する暗い部分はわれわれの目には感じられない。時間がこれ以上かかると、目障りなちらつきがおこるのである。

一章　環世界の諸空間

美食家が菓子からレーズンだけを選《え》りわけるように、前述のダニは自分の環境(Umgebung)の中のものから酪酸《らくさん》だけを選びだした。われわれが興味をひかれるのは、レーズンがこの美食家にどんな味覚をもたらすのかということではなくて、レーズンが彼にとってある特別な生物学的意味をもっているために彼の環世界(Umwelt)の知覚標識になるという事実だけである。だからわれわれは、ダニにとって酪酸がどんな匂いや味がするかを問うのではなく、酪酸が生物学的に重要なものとしてダニの知覚標識になるという事実にのみ注目する。

われわれは、ダニの知覚器官には知覚細胞があるはずでそれが知覚記号を送りだしているということを確認できればそれで十分であり、美食家の知覚器官についてもこれを想定している。ただし、ダニの知覚記号は酪酸の刺激を彼らの環世界の知覚標識に変えるが、美食家の知覚記号はその環世界でレーズンの刺激を知覚標識に変えるのである。

ここでわれわれが研究しようとする動物の環世界(Umwelt)とは、われわれが動物の周囲に広がっていると思っている環境(Umgebung)から切り出されたものにすぎない。そしてこの環境はわれわれに固有の人間の環世界にほかならない。環世界の研究の第一の課題は、動物の環境の中の諸知覚標識からその動物の知覚標識を探りだし、それでその動物の環世界を組み立てることである。レーズンという知覚標識はダニをまったく動かさないが、酪酸という知覚標識はダニの環世界で著しい役割を演ずる。一方、美食家の環世界で重要性が強調されるのは、酪酸ではなくてレーズンという知覚標識である。

どの主体も、事物のある特性と自分との関係をクモの糸のように紡ぎだし、自分の存在を支えるしっかりした網に織りあげるのである。

主体とその環境の客体とのあいだの関係がどのようなものであろうとも、その関係はつねに主体の外に生じるので、われわれはまさにそこで知覚標識を探さねばならない。主体の外にあるこれら知覚標識どうしはそれゆえつねになんらかの形で空間的に結びついており、そしてまた一定の順序で交代していくので、時間的にも結びついている。

われわれはともすれば、人間以外の主体とその環世界の事物との関係が、われわれ人間と人間世界の事物とを結びつけている関係と同じ空間、同じ時間に生じるという幻想にとらわれがちである。この幻想は、世界は一つしかなく、そこにあらゆる生物がつめこまれている、という信念によって培われている。すべての生物には同じ空間、同じ時間しかないはずだという一般に抱かれている確信はここから生まれる。最近になってようやく、すべての生物に通用する空間をもつ宇宙の存在への疑いが物理学者たちの間に生じてきた。そのような空間がありえないことは、一人一人の人間が、互いに満たしあい補いあうがなお部分的には相容れない三つの空間に生きているという事実からすでに明らかである。

(a)　作用空間

われわれが目を閉じて手足を自由に動かすとき、その運動の方向も大きさもはっきり認識することができる。ある空間の中に手で何本かの道筋を描くとしよう。この空間をわれわれの運動の活動空間、つまりわれわれの作用空間(Wirkraum)と名づける。これらの道筋はすべて最小の歩幅を尺度として測る。この歩幅のものさしを方向歩尺(Richtungsschritte)と呼ぼう。一歩一歩の方向は方向感覚すなわち方向記号(Richtungszeichen)によって正確にわかっているからだ。しかもわれわれは、二つずつ対をなす六つの方向、つまり左右、上下、前後を区別しているのである。

詳細な研究から明らかにされているように、われわれが腕を伸ばした状態の人指し指で測れる最も短い歩尺は約二センチになる。いうまでもなくこの歩尺は、それを測定しうる空間に対してあまり厳密な尺度にはならない。この不正確さは、試しに目を閉じて両手の人指し指をぶつけてみようとすればだれにでもすぐ納得がいく。これはたいてい失敗し、指先は最大二センチほど離れて行き違うことがわかるであろう。

一度描かれた道筋は簡単に記憶に残るが、これはわれわれにとってたいへん重要な意味がある。これによってわれわれは暗闇でも字が書けるのである。この能力を「運動覚(Kinästhesie)」と呼ぶが、これで新しいことが言われたわけではない。

ともあれ、作用空間とは無数の交差する方向歩尺からなる運動空間であるだけではなく、いくつかの直行する平面からなるその支配系、いわゆる座標系をもっており、それがあらゆる空間規定の基盤となっている。

空間の問題にかかわる人がこの事実について納得することは、基本的に重要である。これほど単純なことはない。ただ目を閉じて掌《てのひら》を額《ひたい》に対して垂直に立て、左右に動かしてみさえすれば、左と右の境界がどこにあるかをはっきり確認することができる。この境界は体の正中面《せいちゅうめん》とほぼ一致する。掌を顔の前に水平において上下に動かせば、上と下の境界がどこにあるか、難なく確認できる。この境界はたいていの人では目の高さにある。だが中には、この境界が上唇の高さだという人もいる。前と後の境界については最も個人差が大きい。これは掌を手前に向けて頭の脇を前後に動かして確認する。この平面が耳の穴あたりだという人が多いが、頬骨弓《ほおぼねきゅう》が境界面だという人もいれば、この平面を鼻先より前にずらす人もいる。正常な人はだれでも、自分の頭としっかり結びついたこの三つの平面からなる座標系をもっており(図4)、それによって自分の作用空間に、方向歩尺が動きまわるしっかりした枠を与えている。

たえずあちこちと向きを変える方向歩尺は、作用空間に動きの要素として確固としたものを与えることができないが、そこにしっかりした足場をもちこむのはこれらの静止した平面である。この足場が作用空間の秩序を保証しているのである。

われわれの空間の三次元性は内耳のなかにある感覚器官——いわゆる三半規管(図5)で、その位置はほぼ作用空間の三平面に対応する——に由来するとしたのはツィーオン(1)であるが、これは彼の偉大な功績である。

この関係は多数の実験によって明らかにされているので、三半規管のある動物はすべ

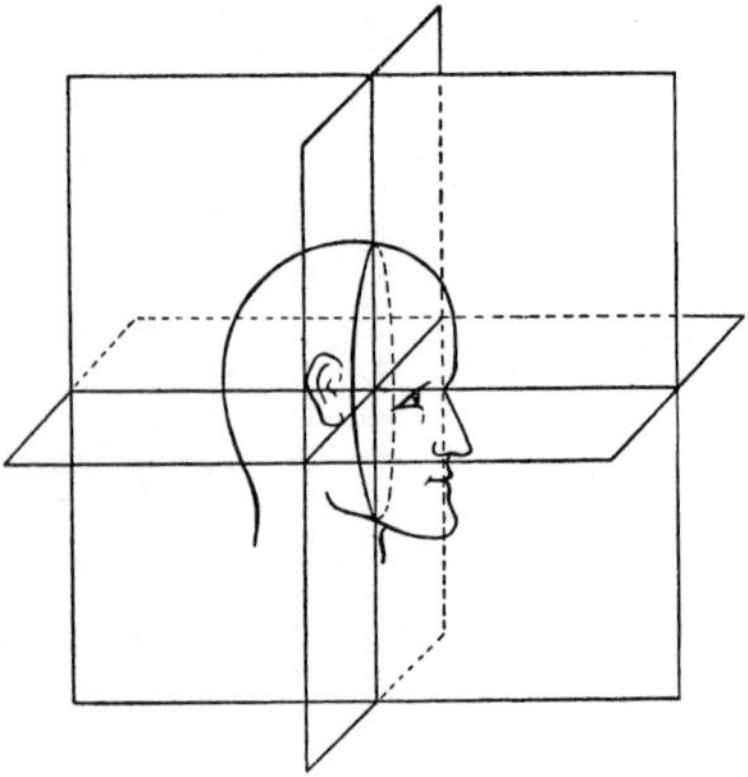

図 4 人間の座標系

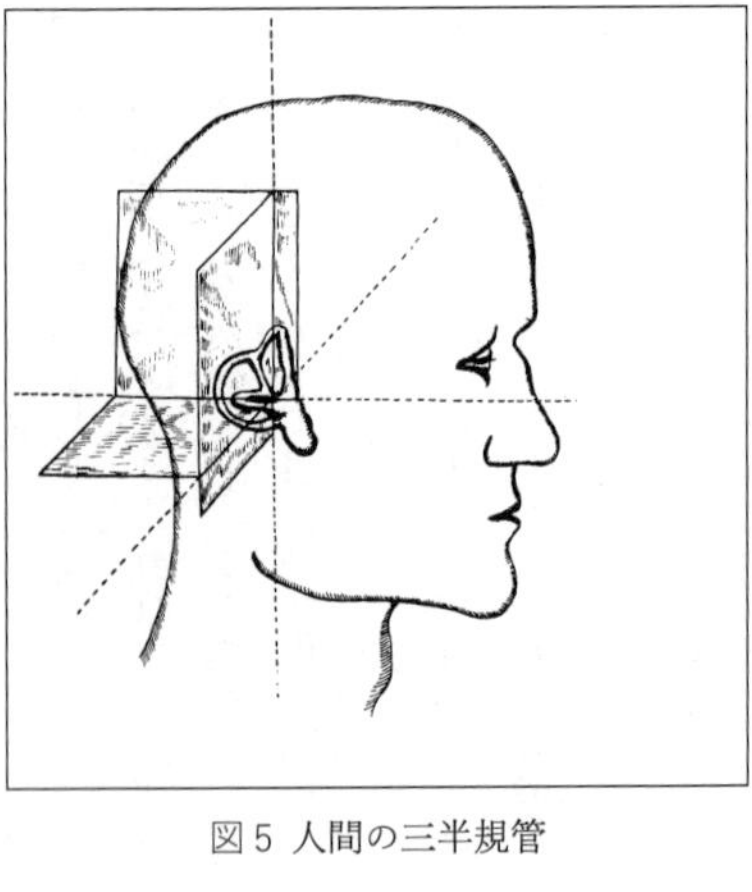

図 5 人間の三半規管

て三次元の作用空間をもっている、と言ってよい。

図6は魚の三半規管である。この器官がこの動物にとってひじょうに重要なものであることは明白である。内部が管系をなし、その管の中をある種の液体が、神経の支配を受けながら空間の三方向に動いているという構造も、そのことを雄弁に物語っている。この液体の動きは体全体の動きを忠実に反映している。このことから、この器官には三

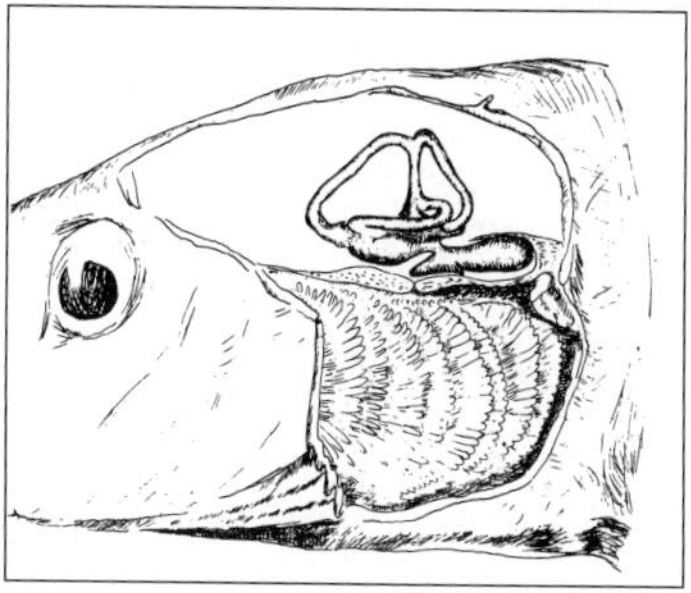

図6 魚の三半規管

つの平面を作用空間に移し据えるという働きのほかに、もう一つ別の意味があることに注意を払わねばならない。つまり、この器官には一種のコンパスの役割を果たす働きがあるらしいのだ。いつも北を指すだけのコンパスではなく、「家の戸口」を見つけるコンパスである。体全体の全運動が三半規管で三つの方向に分析され記録されるなら、その動物は、歩きまわるときに神経上の記録をゼロに戻してしまえばふたたび自分の出発点にいるはずである。

営巣《えいそう》場所であれ産卵場所であれ、きまった居場所

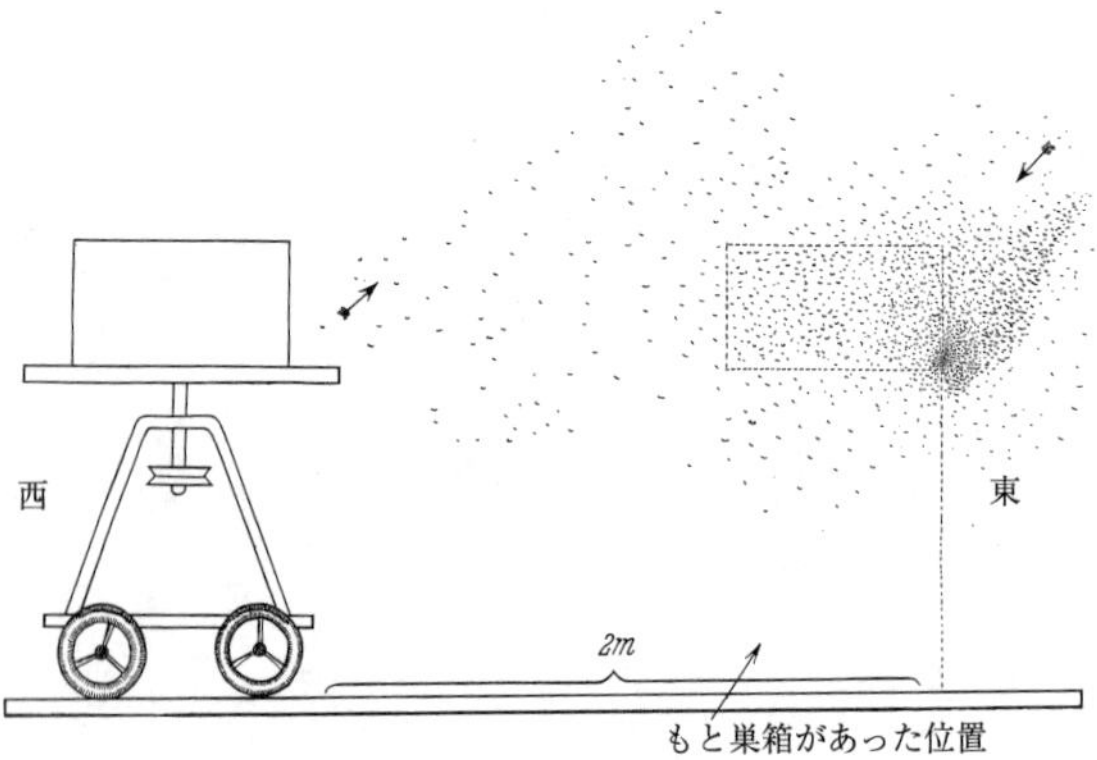

図7 ミツバチの作用空間

をもつあらゆる動物にとって、家の戸口を見つけるコンパスが一つの必要不可欠な補助手段であることは疑いない。視空間(Sehraum)で視覚的知覚標識に頼って戸口を見つけるやりかたは、たいていの場合十分な方法ではない。その外観が変わってしまっていても戸口は探しださねばならないからだ。

純粋な作用空間のなかで戸口を見つけだす能力は、三半規管をもっていない昆虫や軟体動物にもあることが証明されている。

つぎの実験はたいへん説得力がある(図7)。ミツバチの巣箱を、大部分のミツバチが出かけている間に二メートルほ

図8 ツタノハガイの帰巣

ど移動させる。すると、ミツバチは前に飛び出した口(彼らの家の戸口)のあった場所に集まってくる。五分後にやっと方向を変え、巣箱のところへ飛んでいくのである。

この実験をさらに進め、ミツバチの触角を取り除いてしまうと、このミツバチは直接、移動させた巣箱に飛んでくることがわかった。このことから、ミツバチがおもに作用空間のなかで定位するのは触角をもっているときだけであることがわかる。触角がなければ、ミツバチは視空間の視覚的な印象に従うのだ。したがってミツバチの触角は、正常な生活においてなんらかの方法で戸口を見つけるコンパスの役割を果たしており、視覚的な印象よりずっと確実に彼らに帰路を教えるのである。

ツタノハガイ(*Patella*)の帰巣《きそう》(英語で"homing")はいっそう不思議である(図8)。この貝は磯の潮間帯《ちょうかんたい》に住んでいる。大きな個体はその堅い殻《から》で岩にベッドを刻み、その上で岩肌にぴったり体を圧しつけて干潮時をやりすごす。満潮になると、彼らは歩きまわり、彼らの環境の中の岩をくまなく漁《あさ》る。潮が引きはじめるとすぐにベッドに戻るのだが、その際いつも同じ道をとるとはかぎらない。ツタノハガイの目はひじょうに原始的なので、この巻貝がその目だけをたよりに家の戸口を見つけだせるとは思えない。嗅覚標識の存在も視覚標識の場合と同様、ありそうにない。そこで、作用空間のコンパスを想定するほかないが、それについてはまったく何の想像もつかない。

(b) 触空間《しょく》

触空間(Tastraum)の基本的構成要素は方向歩尺のような運動の大きさではなくて、何か確固としたもの、つまり場所(Ort)である。場所もまた主体の知覚標識のおかげで存在するもので、環境の物質に結びついた形成物ではない。これを証明したのはヴェーバー(2)であった。コンパスの二本の脚を一センチ以上開いて被験者の首筋につける(図9)と、被験者は二つの先端をはっきりと区別できる。つまり、それぞれの脚を別々の場所に感じる。次にコンパスの二本の脚の間隔を変えずに、それを被験者の背中にそって下ろしていくと、被験者の触空間では二本の脚がだんだん近づいていき、ついには同じ場所を占めるようになるのである。

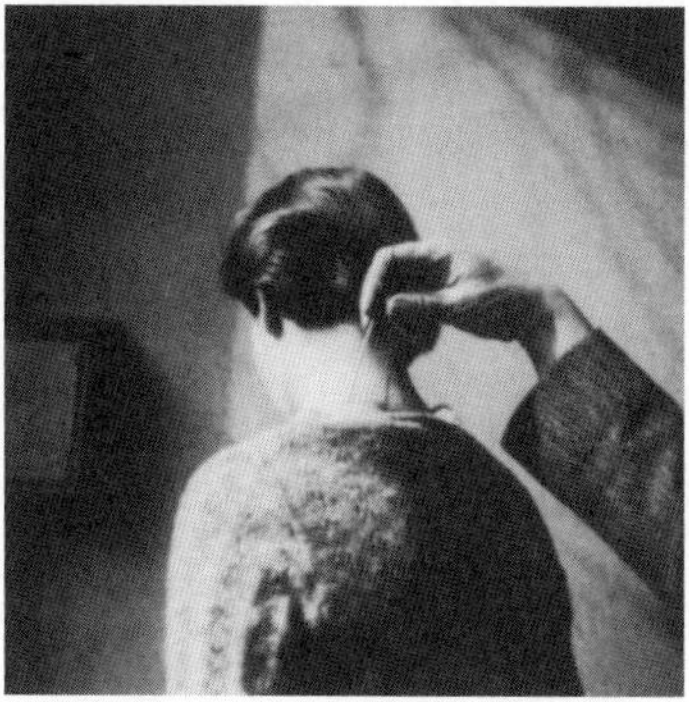
図9 ヴェーバーのコンパス実験

このことから、われわれは触覚の知覚記号のほかに場所感覚のための知覚記号ももっていることがわかる。これを局所記号(Lokal-zeichen)という。それぞれの局所記号は触空間の中に一つの場所を生みだす。接触によってわれわれに同じ局所記号を引き起こす皮膚の領域は、その皮膚の部位が触れることにつれてもっている意味によって大きさがひじょうに異なる。口腔内に触れる舌先とともに指先ではその領域が最も小さく、したがって最も多数の場所を区別できる。われわれがある物体に触れて調べるとき、われわれは触っている指先を使ってその表面に細かい場所のモザイク(Ortemosaik)を与えていく。ある動物にとっての場所を対象とした場所のモザイクは、視空間の場合と同様、触空間の場合にも、主体がその環世界の事物に与えるものであって、けっして環境に存在しているものではない。

触れて調べる際には場所と方向歩尺が結びつき、両者がそろって、形を与える働きをするのである。

触空間は多くの動物でたいへん顕著な役割を果たしている。ネズミやネコは視力を失ってしまっても、触毛があるかぎりその運動にまったく支障がない。夜行性の動物や洞窟に住む動物はすべて、おもに触空間に生きているが、これは場所と方向歩尺の融合から成り立ったものである。

(c) 視空間

ダニのように目がなくて皮膚で光を感じる動物は、おそらく同一の皮膚域が光刺激に対しても触覚刺激に対しても局所記号を発するものと考えられる。視覚的場所(Sehort)

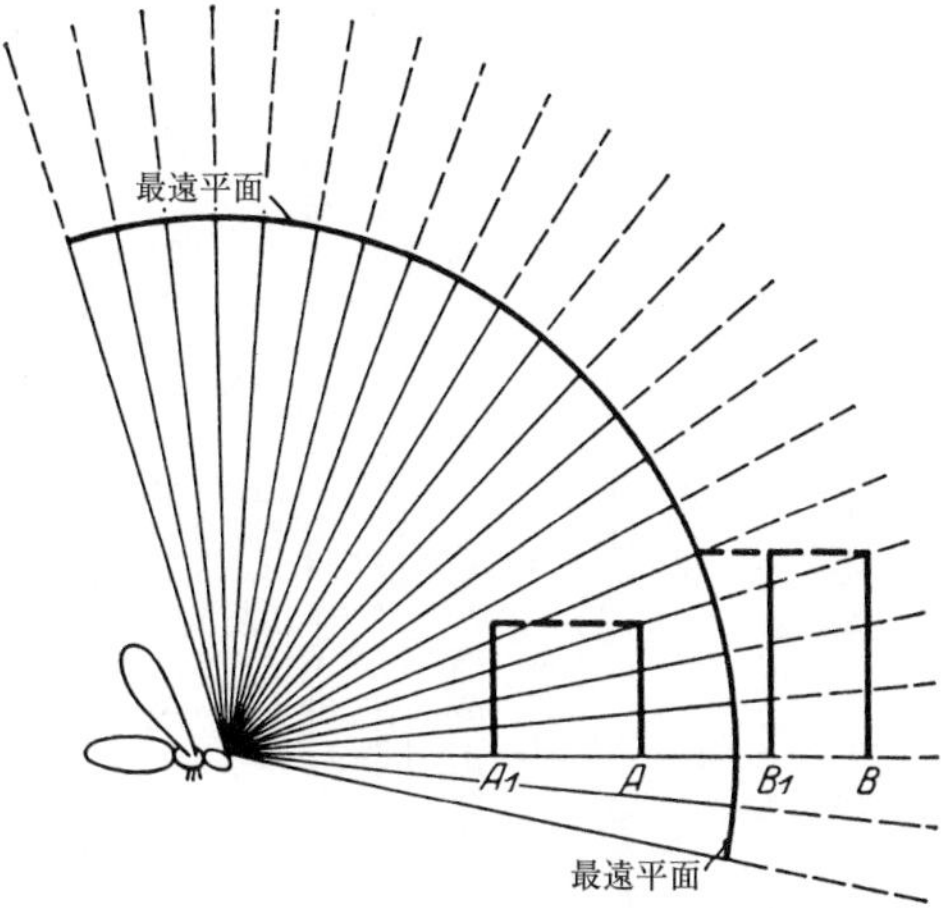

図 10 飛んでいる昆虫の視空間

と触覚的場所(Tastort)は彼らの環世界の中で重なっているのである。

目のある動物においてはじめて、視空間(Sehraum)と触空間(Tastraum)がはっきり分離する。目の網膜にはごく小さな基本領域、すなわち視覚エレメントがぎっしり並んでいる。それぞれの視覚エレメントには環世界の場所が一つずつ対応している。というのは、それぞれの視覚エレメントに局所記号が一つずつ届くことがわかっているからである。

図10は飛んでいる昆虫の視空間を示している。目のつくりが球状であるため、一つの視覚エレメントに対

応する外界の範囲は、距離が増すにつれて大きくなり、したがって一つの場所がカバーする外界の部分がより広くなる。その結果、あらゆる物体は目から遠ざかるにつれてどんどん小さくなり、ついにはある場所のなかに消えてしまう。なぜなら、この場所は最小の空間の器であり、その中では差がまったくないからである。

触空間では対象物が小さくなるということはおこらない。そしてこれが、視空間と触空間が競争になる点である。手を伸ばして茶碗を摑み、口のほうへもってくるとき、視空間では茶碗は大きくなるが、触空間ではその大きさは変わらない。この場合、触空間のほうが優勢である。なぜならば公正な第三者には茶碗が大きくなることは感じられないからである。

手探りしている手と同様に、きょろきょろ見まわしている目も、環世界のあらゆるものに細かい場所のモザイクを広げており、その細かさは、環境のひとこまひとこまを捕らえている視覚エレメントの数によってきまる。

動物の種類によって視覚エレメントの数がひじょうに異なるので、彼らの環世界の場所のモザイクにも同じような違いが見られるにちがいない。場所のモザイクが大まかであるほど、ものの細かな点は失われる。したがって、ハエの目を通して見た世界は人間の目を通して見た世界にくらべて格段に粗いと思われる。

どんな絵でも細かい網をかければ場所のモザイクに変えることができるので、この網かけ法によって、さまざまな動物の目による場所のモザイクの違いを観察できるようにすることが可能である。

同じ絵をどんどん縮小して同じ網をかけ、それを写真に撮りなおしてからふたたび拡大すればいいのだ。そうすると、その絵はどんどんきめの粗いモザイクに変わる。いっしょに写っている網は邪魔になるので、粗くなった絵を網なしの水彩画として再現した。図11のa—dはこの網かけ法で制作したものである。これらは、ある動物の目の視覚エレメントの数がわかれば、その動物の環世界が得られることを示している。図11のcはイエバエの目が生みだす像とほぼ一致する。すぐわかるとおり、これほど細部がはっきりしない環世界では、クモの巣の糸はまったく見えなくなってしまうにちがいない。いうなれば、クモは獲物の目に見えない網を張っているのである。

最後の図(11d)は軟体動物の目の像にほぼ相当する。ご覧のとおり、巻貝や二枚貝の視空間はいくつかの明るい平面と暗い平面とからなるものにすぎない(3)。

触空間における と同様に視空間においても、場所と場所の結びつけは方向歩尺によっ

図 11a 写真による街路風景

図 11b 網をかけて撮った街路風景

図 11c ハエにとっての同じ街路風景

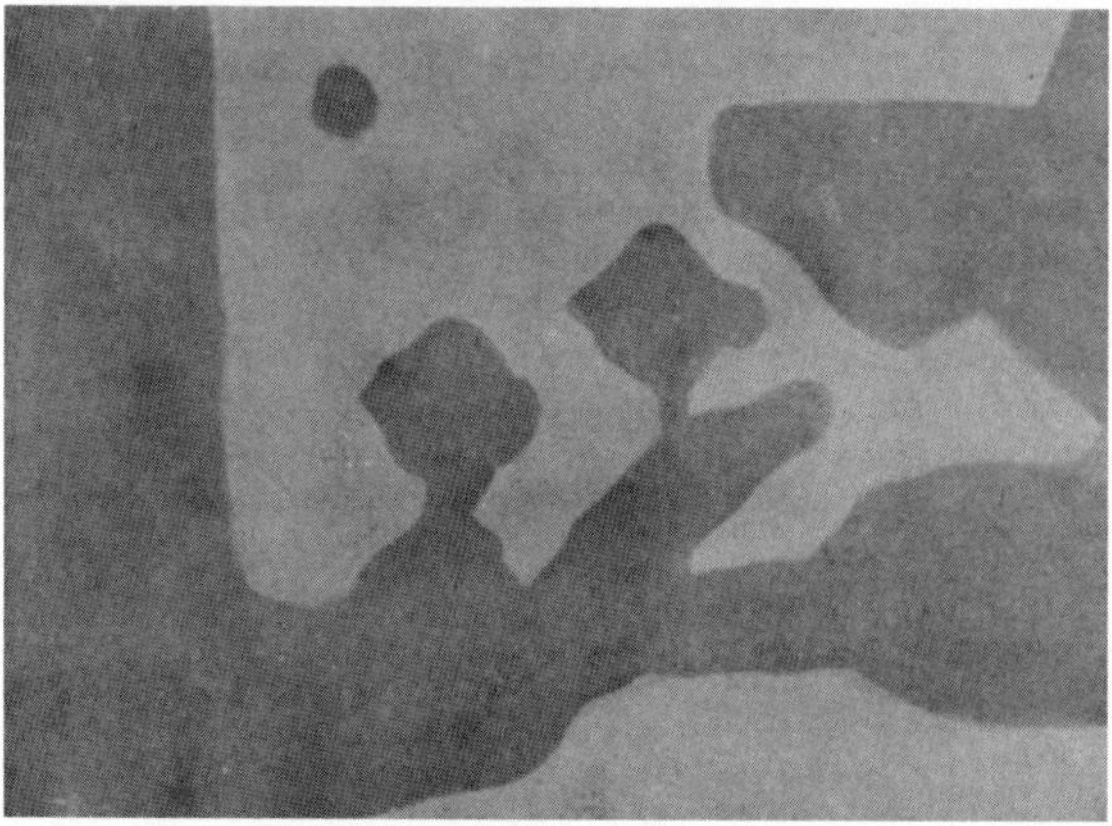

図 11d 軟体動物にとっての街路風景

て生じる。ルーペの働きは多数の場所を一つの小さな平面に集めることにあるが、われわれがルーペの下で対象物の標本を作るとき、目だけでなく標本作製用の針をもつ手も、場所が相互に近づくにつれて一段と短い距離の方向歩尺をとっていることに気づくのである。

（1） エリー・フォン・ツィーオン（Elie von Cyon, 1842–1912 ロシア名 Илья Фаддеевич Цион）ロシアの生理学者で、重要な神経と神経機能の発見者。

（2） エルンスト・ハインリッヒ・ヴェーバー（Ernst Heinrich Weber, 1795–1878）近代生理学の創始者の一人で、皮膚の触覚に関する研究をおこなった。

（3） この描写は視覚の違いをまず理解させるための方法を示したものにすぎない。目（たとえば昆虫の目）のダイナミックな特性について知りたい人には、カール・フォン・フリッシュの著書『ミツバチの生活から（*Aus dem Leben der Bienen*）』（桑原万寿太郎訳、ちくま学芸文庫）に概説がある。

二章　最遠平面

作用空間や触空間とは反対に、視空間は貫通できない壁でまわりを囲まれている。これを地平線(Horizont)、あるいは最遠平面(fernste Ebene)と呼ぼう。

太陽と月と星は、見えるもののすべてを取り囲んでいる同一の最遠平面上を、たがいに奥行きの隔たりなしに移動している。この最遠平面の位置は固定されていて動かないというわけではない。私が重いチフスにかかった後はじめて外に出たときには、二〇メートルほど先に色つきの壁紙のように最遠平面が下がっていて、その上に目に見えるものすべてが描かれていた。二〇メートルより向こうには遠いものも近いものもなく、小さなものと大きなものがあるだけだった。私のかたわらを通り過ぎる車までがその最遠平面に到達するやいなや、それ以上遠ざかるのではなく、ただ小さくなっていくのだった。

われわれの目のレンズはカメラのレンズと同じ働きをしている。つまり、目の前にある物体を網膜(カメラの感光板にあたる)の上にぴったり合わせるのである。人間の目のレンズは弾力があり、レンズについた特別な筋肉によって曲率を変えることができる（これはカメラのレンズをずらすのと同じ結果を招く）。

レンズの筋肉が収縮すると、奥から手前への方向を示す方向記号が現れる。弾力あるレンズの筋肉が弛緩《しかん》すると、手前から奥への方向を示す方向記号が現れる。

この筋肉がすっかり弛緩すると、目は一〇メートルから無限大までの距離に合わせられる。

周囲一〇メートル以内では、われわれの環世界の中の物体は筋肉運動によって遠近を判断される。この範囲外では、本来、対象物は大きくなったり小さくなったりするだけである。乳児の場合、視空間は、そこであらゆるものを取り囲んだ最遠平面となって終わっている。われわれがその後しだいに、距離記号を利用して最遠平面を遠くにひろげていくことを学習することによってはじめて、おとなでは六キロから八キロの距離で視空間が終わりそこから地平線がはじまるようになるのである。

図12はこどもとおとなの視空間の違いを示しており、ヘルムホルツ(1)が報告している体験をビジュアルに再現したものである。彼の報告によると、幼いころポツダムの陸軍教会のそばを通ったおり、その回廊の上にいる数人の労働者に気づいた。そこで彼は母親

図 12 おとな(下)とこども(上)の最遠平面

に、あの小さな人形を二つ三つ取って、とせがんだ。教会と労働者は彼の最遠平面にあったので、遠くにではなく小さく見えたのである。つまり彼には、手の長い母親に回廊から人形をとってもらえると信じる理由があった。母親の環世界では教会がまったく別の次元をもっており、回廊の上に小さな人間ではなく遠く離れた人間がいたのだが、このことが彼にはわからなかったのだ。動物の環世界における最遠平面の位置を究明するのは難しい。なぜなら、環境の中で主体に近づいてくる物体が主体の環世界の中でただ大きくなるのでなく近いものになるのがいつなのか、実験的に確かめるのは難しいことが多いからだ。イエバエを捕まえようとするとわかるように、人間の手がおよそ五〇センチの距離まで近づいたときにはじめて、ハエの飛び立ちが引き起こされる。このことから、ハエの最遠平面はほぼこの距離にありそうだと推測してよかろう。

しかしイエバエに関する別の観察から、彼らの環世界では最遠平面がまた別の様相を呈しているらしいことがわかった。ハエは下がった電灯やシャンデリアのまわりをただぐるぐる回るのではなく、それから五〇センチ離れてしまうとかならず突然その飛行を中止して、シャンデリアのすぐ脇か下を通るように飛ぶことがわかったのだ。ハエは、島を見失わぬようヨットを操る船乗りのように振舞っているのである。

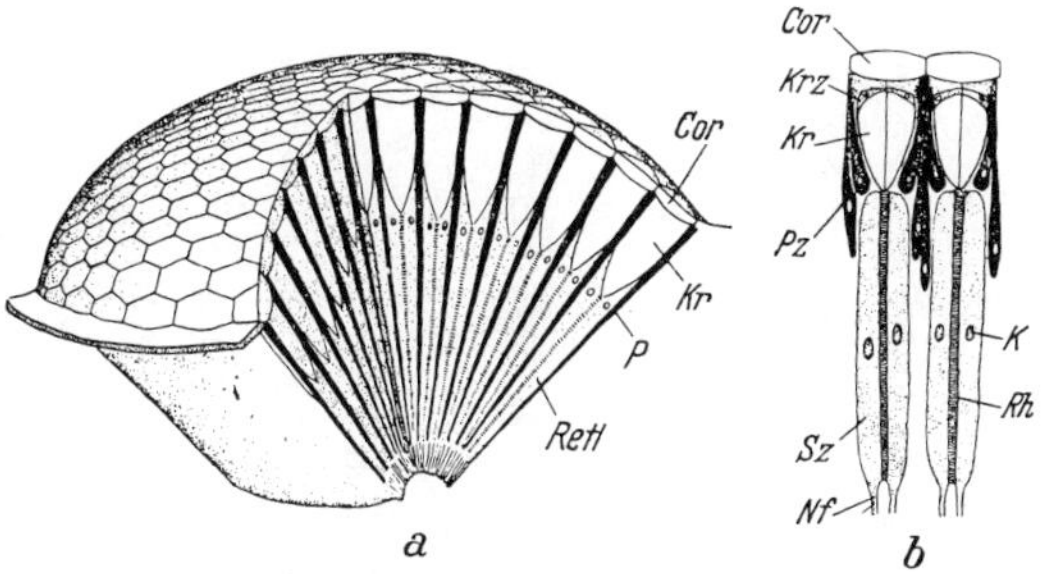

図 13 ハエの複眼の構造(模式図)

a：複眼全体から右側を一部切り取ったもの(P. G. Hesseの図による)　*b*：2個の個眼　*Cor*：キチン角膜　*K*：核　*Kr*：円錐晶体　*Krz*：円錐晶体細胞　*Nf*：神経繊維　*P*：色素　*Pz*：色素細胞　*Retl*：小網膜　*Rh*：感桿　*Sz*：視細胞

そもそもハエの目(図13)は、その視覚エレメント(感桿《かんかん》)が長い神経構造をなし、見えている物体の距離に応じて異なる深さに、レンズによって結ばれた像を受け取るようになっている。エクスナー(2)は、これが、われわれの目のように筋肉によって働くレンズ装置の代わりになっているのではないかと推測している。

視覚エレメントの光学装置が接写レンズのような働きをしているとすれば、シャンデリアはある距離で見えなくなり、それによってハエの戻ってくる行動が引き起こされるのだろう。これについては、接写レンズなしのカメラと接写レンズつきのカメラでシャンデリアを撮った図14

と図15を比較してほしい。

最遠平面はさまざまな形で視空間を遮断するとはいえ、最遠平面というものはつねに存在する。それゆえわれわれは、草地にすんでいる甲虫であろうと、チョウやガ、ハエ、カ、トンボであろうと、われわれのまわりの自然に生息するあらゆる動物は、それぞれのまわりに、閉じたシャボン玉のようなものをもっていると想像していいだろう。そのシャボン玉は彼らの視空間を遮断し、主体の目に映るものすべてがそのなかに閉じこめられている。それぞれのシャボン玉は異なった場所に移ることができるとともに、それぞれには作用空間の方向平面が複数含まれていて、それらがその空間にしっかりした骨組を与えている。自在に飛びまわる鳥も、枝から枝へ走りまわるリスも、草地で草を食《は》むウシもみな、空間を遮断するそれぞれのシャボン玉によって永遠に取り囲まれたままなのである。

みずからにこの事実をしっかり突きつけてみてはじめてわれわれは、われわれの世界にも一人一人を包みこんでいるシャボン玉があることを認識する。そうすると、わが隣人もみなシャボン玉に包まれているのが見えてくるだろう。それらのシャボン玉は主観的な知覚記号から作られているのだから、何の摩擦もなく接しあっている。主体から独

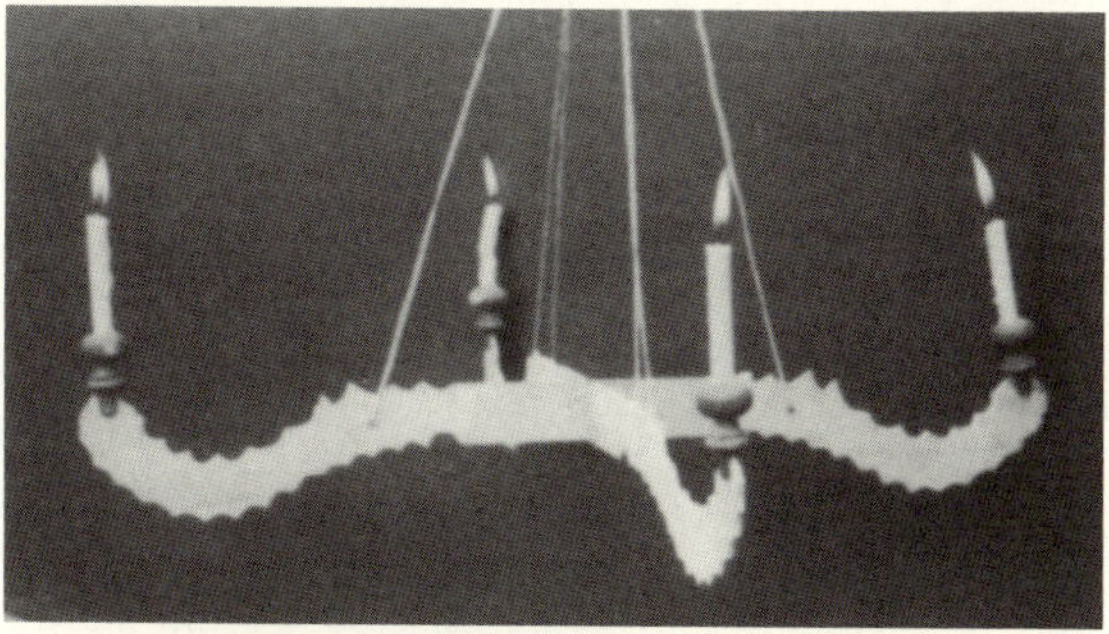

図 14 人間が見たシャンデリア

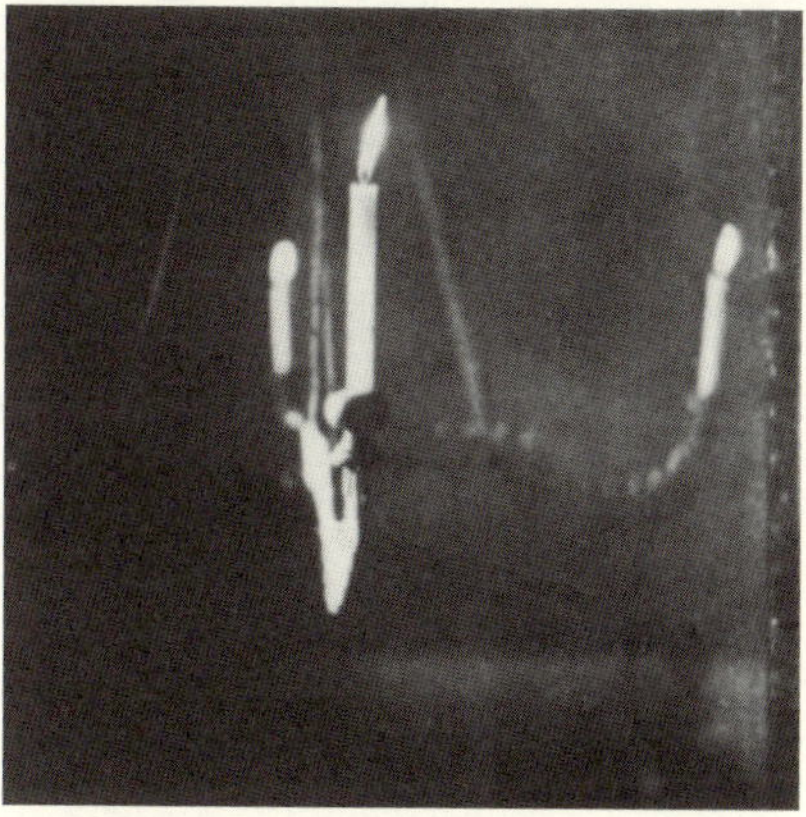

図 15 ハエが見たシャンデリア

立した空間というものはけっしてない。それにもかかわらず、すべてを包括する世界空間というフィクションにこだわるとすれば、それはただこの言い古された譬《たと》え話を使ったほうが互いに話が通じやすいからにほかならない。

(1) ヘルマン・フォン・ヘルムホルツ(Hermann von Helmholtz, 1821-1894) 生理学者にして物理学者。ヘルムホルツ検眼器の発明者であり、マクスウェルの波動説の先駆者であり、エネルギーの本質について重大な立証をおこなった人物である。

(2) ジークムント・エクスナー(Siegmund Exner, 1846-1926) 一八七五年以降ウィーンの生理学研究所教授。生理光学分野の研究および大脳皮質の機能に関する研究をおこなった。

三章　知覚時間

時間は主体が生みだしたものだとはっきり述べたことは、カール・エルンスト・フォン・ベーア(1)の功績である。瞬間の連続である時間は、同じタイム・スパン内に主体が体験する瞬間の数に応じて、それぞれの環世界ごとに異なっている。瞬間は、分割できない最小の時間の器である。なぜなら、それは分割できない基本的知覚、いわゆる瞬間記号を表したものだからである。すでに述べたように、人間にとって一瞬の長さは一八分の一秒である。しかも、あらゆる感覚に同じ瞬間記号が伴うので、どの感覚領域でも瞬間は同じである。

一秒に一八回以上の空気振動は聞き分けられず、単一の音として聞こえる。

一秒に一八回以上皮膚をつつくと、一様な圧迫として感じることもわかった。

映画では、われわれが慣れている速度で外界の動きをスクリーンに映しだすことができる。そのとき、個々のこまは一八分の一秒の速さで次つぎに送られている。

われわれの目にとって速すぎる運動を追うには、高速撮影を利用すればよい。

高速撮影とは、一秒のこま数を増やして撮影し、それを通常の速さで映写する方法を言う。そうすると、その運動過程は通常より長いタイム・スパンに引き延ばされ、それによって、鳥や昆虫の羽ばたきなど、われわれ人間の時間速度(一秒に一八)にとって速すぎる現象が目に見えるようになる。高速撮影で運動過程を遅らせるのと同様、低速撮影でそれを速めることができる。花の開花のようにわれわれにとってのろすぎる現象を一時間に一回ずつ撮影して一八分の一秒の速さで映写すると、それが短いスパンに圧縮され、われわれにも観察が可能になる。

ここで問題になるのは、われわれより知覚時間が短かかったり長かったりする動物がいるのかどうか、その結果、その環世界においてわれわれより運動過程が遅かったり速かったりする動物がいるのかどうか、ということである。

この点について研究(2)を最初におこなったのはある若いドイツ人研究者であった。のちに彼は、ベタという闘魚《とうぎょ》が自分の映像に対してどのように反応するかを、別の研究者と協同で研究した。闘魚は自分の映像を一秒に一八回示されたのでは、それと見分けられない。一秒に三〇回以上映写しなければ見分けられないのである。

また三人目の研究者は闘魚を訓練して、餌の後方で灰色の円盤が回ったら餌に食いつくようにしつけた。黒と白の扇形に塗りわけた円盤がゆっくり動いているときは、それは「警告板」として働いた。というのは、そのとき魚が餌に近づくと、軽く叩かれるからである。そこで扇模様の円盤をさらに速く回すと、ある速度で反応が不確実になり、その後まもなく反応は逆転した。それがはじめておこったのは、黒い扇形が五〇分の一秒以内に続けて現れたときであった。このとき黒白の警告板は灰色になっていたのである。

このことから、活発なすばしこい獲物を食物にしているこの魚では、明らかにその環世界の中であらゆる運動過程が高速撮影の場合のようにゆっくり進んでいることがわかる。

図16は低速撮影の例で、前述の研究から推察されるものである。一匹のカタツムリを、水に浮かべたゴムボールに載せた。ボールはカタツムリの下でなめらかにすべることができた。カタツムリの殻は洗濯ばさみでしっかり固定した。こうすると、カタツムリは匍匐《ほふく》運動を妨げられずに、同じ場所にとどまっていられる。そこで、その足もとに小さな棒をさしだすと、カタツムリはその上に這いあがってくる。この棒で一秒に一―三回

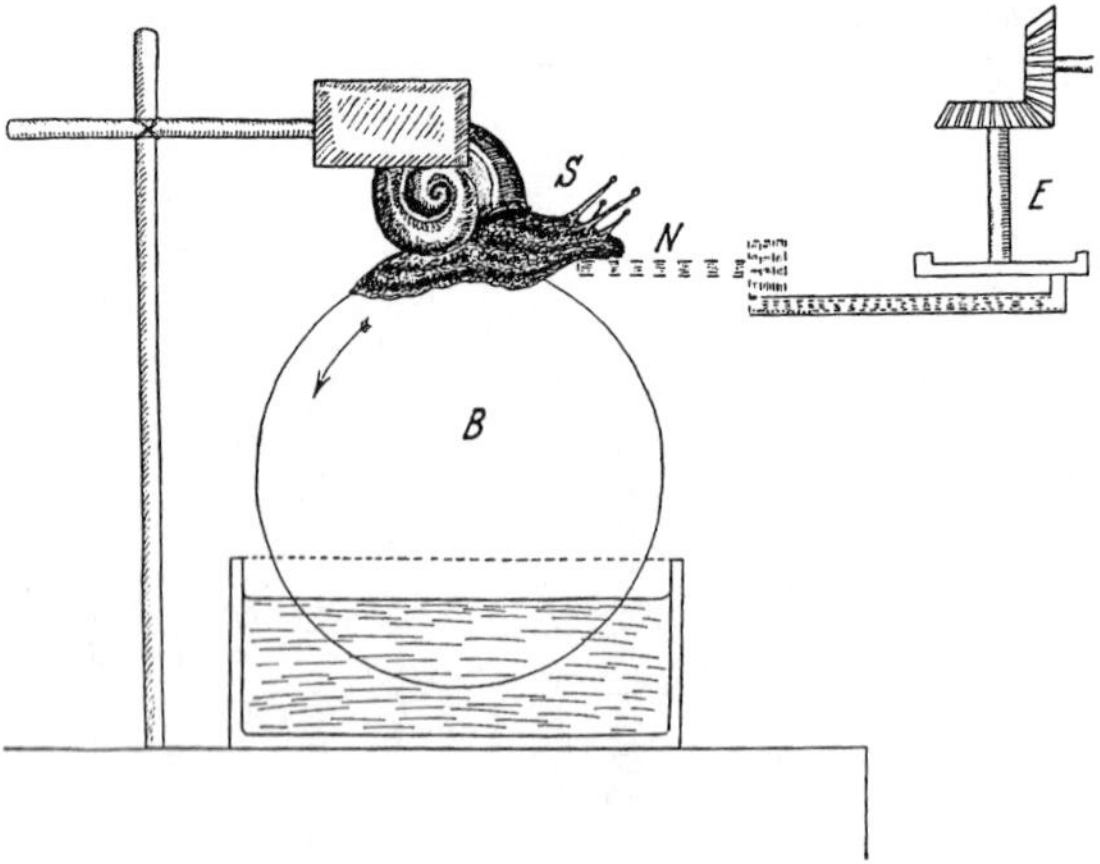

図16 カタツムリの瞬間

B：ゴムボール *E*：偏心輪 *N*：棒 *S*：カタツムリ

カタツムリを叩くと、カタツムリはあがろうとしなくなる。だが、叩くのを一秒に四回以上くりかえすと、カタツムリは棒にあがってこようとしはじめる。カタツムリの環世界では一秒に四回振動する棒はすでに静止した棒になっているのである。このことから、カタツムリの知覚時間は一秒に瞬間が三つか四つという速度で流れていると推論できよう。その結果、カタツムリの環世界ではあらゆる運動過程はわれわれ人間の環世界におけるよりはるかに速い速度で流れていることになる。そして、カタツムリ自身の運動も彼らにとってはわれわれが自分の運動に感じる以上にのろくは感じられないのであろう。

（1）　カール・エルンスト・フォン・ベーア(Karl Ernst von Baer, 1792-1876) 著名な動物学者。哺乳類の卵の発見者。

（2）　以下を参照。ベニウク(M. Beniuc)「闘魚ベタにおける運動視、融合および瞬間(Bewegungssehen, Verschmelzung und Moment bei Kampffischen)」、ブレッヒャー(G. A. Brecher)「主観的な単位時間——瞬間——の成立と生物学的意味(Die Entstehung und biologische Bedeutung der subjektiven Zeiteinheit—des Momentes)」、リスマン(H. W. Lissmann)「闘魚ベタの環世界(Die Umwelt des Kampffisches)」。

四章　単純な環世界

空間と時間は主体にとって直接の利益はまったくない。それらは、多数の知覚標識を区別しなければならないときにはじめて意義をもつようになる。なぜならこれらの知覚標識は、環世界の時間的・空間的骨組みがなければ、ごちゃごちゃになってしまうだろうからである。しかし、たった一つの知覚標識しか含まれていないごく単純な環世界では、そのような骨組みは必要がない。

図17は、ゾウリムシ(*Paramaecium*)の環境と環世界を比べたものである。ゾウリムシは密生した繊毛《せんもう》におおわれており、それを打って、体の長軸のまわりをたえず回転しながら水中をすばやく移動する。

ゾウリムシの環世界は、環境にあるさまざまな事物の中からつねに同じ知覚標識だけを取り出しており、その知覚標識によってゾウリムシがどこかでなんらかの刺激を受けると、逃避運動がおこる。同じ障害物標識はつねに同じ逃避運動を引き起こす。この運

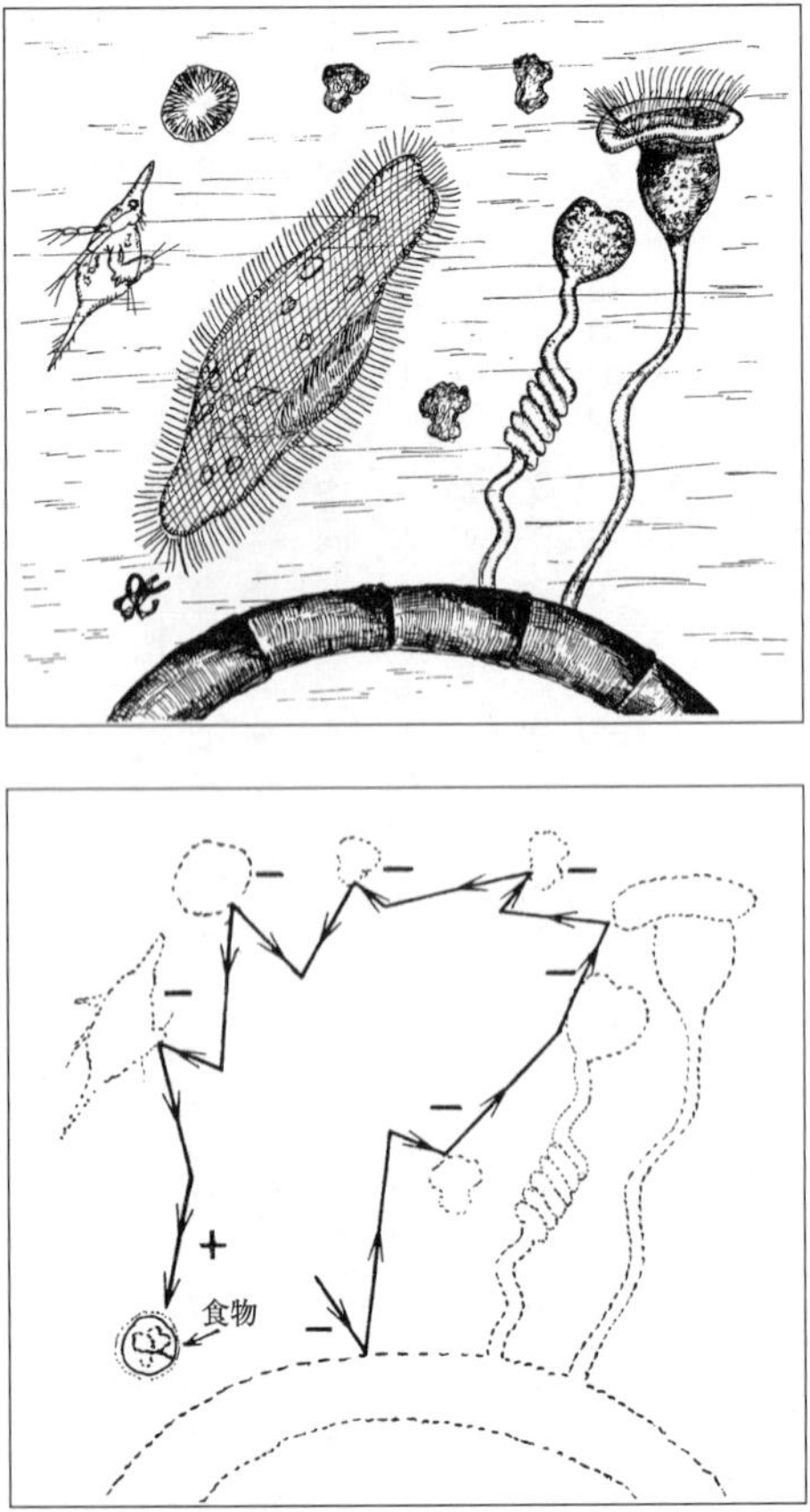

図 17 ゾウリムシの環境(上)と環世界

動は、後ずさりし、ついで脇へずれる動きであり、そこからふたたび前方への泳ぎがはじまる。こうして障害物を避けるのである。この場合、同じ知覚標識はつねに同じ作用標識によって打ち消されると言えよう。この小動物は食物である腐敗菌(その環世界のあらゆる事物のうち、刺激を発しないのはこれだけである)にぶつかるとはじめて静止する。この事実は、たった一つの機能環(Funktionskreis)をもちいて生物を組織的に構成する術を自然がいかに心得ているかを物語っている。

ある外洋性クラゲ(*Rhizostoma*)などのように、多細胞動物の中にもたった一つの機能環で間に合わせているものがある。このクラゲの場合、体全体が浮遊するポンプ装置から成り立っている。その装置は微細なプランクトンの充満した海水を漉《こ》さずに取りいれ、濾過《ろか》してからふたたび排出する。唯一の生命現象は、弾力性のあるゼリー質の傘のリズミカルな上下運動である。このたえまなく続く規則的な動きによって、この動物は海面に浮いていられる。同時に、薄い皮膜でできた胃は周期的に拡大・収縮をくりかえし、微小な孔《あな》から海水を出し入れする。液体状の胃内容物は枝分かれした消化管の中へ押しだされ、その壁から栄養と、そしてそれといっしょに運ばれてくる酸素が摂取される。遊泳も摂食も呼吸も、傘の縁にある筋肉のこのリズミカルな収縮によっておこなわれる

図 18 縁弁器官をもった外洋性クラゲ

のである。この運動を確実に持続するために、傘の縁に八個の釣鐘《つりがね》型をした縁弁器官(図18に象徴的に描かれている)がついていて、釣鐘の舌にあたる部分が傘の動きのたびに神経の集まった部分にぶつかる。それによって発生した刺激がつぎの傘の動きを引き起こす。こうしてクラゲは自分自身に作用標識を与え、これが同じ知覚標識を引き起こし、それがさらに同じ作用標識を呼びおこす。これが無限に続くのである。

このクラゲの環世界ではいつも同じ鐘の音が鳴りひびき、それが生命のリズムを支配している。その他の刺激はすべて遮断されている。

このクラゲのように機能環が一つしかない場合、各縁弁器官から傘の縁にある筋肉の束へ同じ反射がたえず送られているので、その動物は反射動物と呼ぶことができよう。ある別のクラゲのようにさらに別の反射弓がある場合、それらがまったく独立しているのなら、やはり反射動物と呼んでよいであろう。たとえば、捕獲糸をもっているクラゲもあるが、その捕獲糸にはそれ自体で完結した反射弓がそなわっている。また多くのクラゲには独自の筋系をもった動かすことのできる口腕《こうわん》があり、これが傘の縁の受容器とつながっている。これらの反射弓はすべて互いにまったく独立に働き、なんらかの中枢部位から指令を受けているというのではない。

外部器官のそれぞれに独立した完全な反射弓がそなわっているときは、それを「反射係(Reflexperson)」と呼ぶのがふさわしい。ウニ(Seeigel)はこのような反射係をたくさんもっており、反射係は中枢からの指導もなしにそれぞれ自分のために反射の仕事をこなしている。このような造りの動物を高等動物と対比させて説明するために、私は次のような命題をたてた。「イヌが歩くときは、この動物が足を動かすが、ウニが歩くときは、その足がこの動物を動かす」。

ウニ(Seeigel)はドイツ語で「海のハリネズミ」(ハリネズミ(Igel)と同様に多数の棘《とげ》をもっているが、ハリネズミの棘とは違って、その棘はそれぞれが独立した反射係となっている。

堅くとがったこれらの棘は球状の関節で石灰質の殻についていて、刺激を発するものが皮膚に近づいてきたとき槍《やり》の束を突きだすのに適しているが、このほかにもよじ登るのに役立つ細くて長い筋肉質の管足《かんそく》もたくさん生えている。さらに、多くのウニには四種類の叉棘《さきょく》(身づくろい用の叉棘、折りたたみ型の叉棘、摑むための叉棘、毒のある叉棘)があり、それらがそれぞれの用途のために体表全体に散在している。

複数の反射係が共通の行動をとっていても、それらはまったく独立に活動しているのである。たとえば、ウニが敵であるヒトデから発する化学刺激に出合うと、棘はその方向に次つぎと倒れ、それらに代わって毒のある叉棘が突きだしてきて、ヒトデの管足にしっかりかみつく。

したがってこれは、すべての反射係がまったく独立しているにもかかわらず、完全な国内平和を維持している「反射共和国」だといえよう。なぜなら、摑むための叉棘は本来なら近づいてくるあらゆる物体をひっ摑むのだが、ウニの柔らかい管足がこの叉棘に襲われることはけっしてないからだ。

この国内平和はわれわれの場合と違って、中枢部から指図を受けているのではない。われわれの舌は鋭い歯にたえずおびやかされているが、その危険は中枢器官に痛みという知覚記号が発生することによってのみ避けられている。痛みは痛みを引き起こす行動を抑制するからである。

上位の中枢をもたないウニの反射共和国では、別の方法で国内平和を維持しなければならない。これはオートデルミンという物質の存在によっておこなわれる。濃度の高いオートデルミンは反射係の受容器を麻痺させる。それは皮膚全体にごく低い濃度で分布しているので、皮膚が自分以外の物体と接触した場合は無効のままである。けれど自己の二か所の皮膚面が出合うとただちにその作用が現れ、反射の解発を防ぐのである。

ウニのように反射共和国が多数の反射係からなる場合は、その環世界に多数の知覚標識を宿すことができる。しかし、すべての機能環は個々別々に作動するので、これらの知覚標識はまったく孤立したままであるにちがいない。

すでに述べたようにダニの生命現象は本質的には三つの反射のみからなるが、彼らでさえずっと高等な種類に入る。なぜなら、その機能環はこれら三つの孤立した反射弓を別々に利用するのではなく、一つの共通の知覚器官をもっているからだ。したがって、ダニの環世界では獲物が酪酸刺激、接触刺激、温度刺激だけからなっているにもかかわらず、一つのまとまった像を形成できる可能性がある。

この可能性はウニにはない。数段階の圧刺激と化学刺激の組み合わさったウニの知覚標識は、大まかな輪郭をまったくばらばらに作り出すだけである。

たいていのウニは、水平線が暗くなるたびに、棘を動かして反応する。図19のaとbに示したように、これは雲や船に対しても、本物の敵である魚に対しても同じようにおこる。ただしこの図示は十分にわかりやすいとは言えない。この図では、ウニの暗さの知覚標識が新たな空間に移されていくことが表現されていない。というのは、ウニには

図 19a ウニの環境

図 19b ウニの環世界

視空間というものがなく、影は光を感ずる皮膚の上をパフで軽く掃《は》いていくような効果しかもたないからだ。だがそれを表現することは技術的に不可能であった。

五章　知覚標識としての形と運動

もし仮にウニの環世界について、異なる反射係のすべての知覚標識に局所記号が与えられており、それゆえそれぞれの知覚標識は別々の場所に存在していると仮定したとしても、これらの場所が一つにつながる可能性はけっしてないであろう。したがってこの環世界には、多数の場所の合体を前提とする、形と運動という知覚標識が必然的に欠けているはずである――そして事実そのとおりなのである。

形と運動はもっと高等な知覚世界ではじめて登場する。ただし、われわれは自分自身の環世界での経験から、物体の形は本来のしかるべき知覚標識であるが、運動は単なる付随的現象として、二次的知覚標識として、たまたま加わるのだと考えることに慣れている。しかしこれは、動物の環世界にはあてはまらないことが多い。動物の環世界では、静止した形と動いている形は二つのまったく独立した知覚標識であるだけでなく、運動は形なしに独立した知覚標識として現れることもあるからである。

図20　キリギリスを狩るコクマルガラス

図20はキリギリスを狩るコクマルガラスである。コクマルガラスには、じっとしているキリギリスはまったく見えない。キリギリスが跳ねて移動するときにはじめてぱくっと食いつくのである。まず第一に考えられるのは、静止しているキリギリスの姿をコクマルガラスはよく知っているのだが、隠し絵の中から知っている形を捜しだすのが難しいように、キリギリスの上を横切っている草の葉のために一つのまとまったものとしては認識されないという場合である。このような見方をするなら、キリギリスが跳ぶとはじめて、周辺のじゃまな背景の中からその姿が浮かびあがることになる。

しかし、さらに多くの経験から判断すると、コクマルガラスはそもそも静止しているバッタの姿を知らず、動く姿にしかセットされていないらしい。多くの昆虫の「死んだふり」はこれで説明できよう。つけまわす敵の知覚世界に昆虫の静止した姿というものがないのであれば、昆虫は「死んだふり」をすることによって、その敵の知覚世界から確実にぬけ落ちてしまい、敵が探しても見つかるはずはないのである。

私は竿《さお》の先に細い糸でエンドウ豆をぶらさげて、ハエ釣り竿をつくった。豆にはとりもちをまぶした。

ハエがたくさんいる窓際で竿を軽く振って豆を泳がせると、たいてい何匹かのハエが豆をめがけて飛んできて、一部はそれにくっついてしまう。後で確かめてみると、捕まったのは雄《おす》のハエばかりであることがわかる。

この一部始終は失敗に終わった結婚飛行を物語っている。シャンデリアのまわりを飛びまわっているハエの場合も、横切って飛びこんでくる雌《めす》に向かって突進するのは雄である。

揺れ動いている豆は飛んでいる雌の知覚標識をそっくりまねているが、動いていなければけっして雌とは見なされない。このことから、じっとしている雌と動いている雌は二つの異なる知覚標識だと結論できよう。

さらに、形のない動きが知覚標識となりうることは、環境の中のイタヤガイと環世界の中のイタヤガイとを対比した図21で示される。

この貝の環境では、その無数の目の視界内に最も危険な敵であるヒトデ(*Asterias*)がいる。ヒトデはじっとしているかぎり、貝になんの影響もおよぼさない。ヒトデの特徴

図 21 イタヤガイの環境(上)と環世界

的な形は貝にとってなんの知覚標識にもならないのである。だがヒトデが動きだすやいなや、貝はそれに反応して嗅覚器官としてはたらく長い触手を突きだす。これがヒトデに近づいて新たな刺激を受け取る。すると貝は身をおこし、泳ぎ去るのである。

研究の結果、動いている物体がどんな形や色をしていようと、まったく関係がないことがわかった。物体の動きがヒトデと同じくらいゆっくりである場合にだけ、その物体は貝の環世界で知覚標識となる。イタヤガイの目は色でも形でもなく、もっぱら、敵の速度にちょうど合致した運動速度にセットされている。しかしそれだけではまだ敵の姿は正確には描かれていない。まずここで嗅覚標識が登場しなくてはならない。それによって第二の機能環が働いて、貝を敵の近くから逃走させ、この作用標識によって敵という知覚標識を最終的に消し去るのである。

長年にわたって、ミミズの環世界には形に対する知覚標識があると考えられてきた。古くはダーウィンが、ミミズは木の葉も松葉もその形に応じた扱いをしていると指摘している(図22)。ミミズは木の葉や松葉を自分の狭い穴に引きずりこむ。ミミズはそれらの葉を防御用としても食物としても利用する。たいていの木の葉は、葉柄《ようへい》から先に狭い管に引き込もうとすれば、ひっかかる。反対に、葉の先端を持って引っぱれば、葉は簡

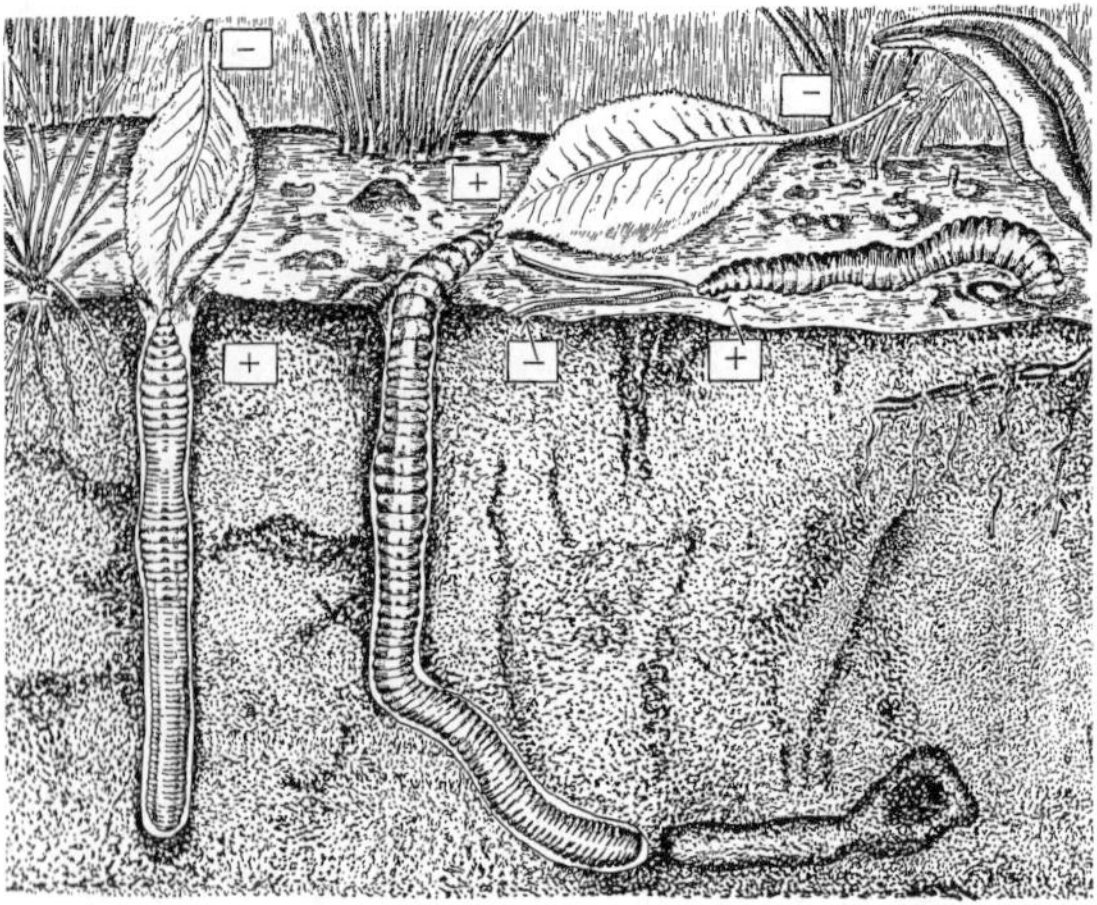

図22 味で区別するミミズ

単に巻いて、抵抗感はまったくない。ところが、いつも対になって落ちる松葉の場合、ひっかからないように狭い穴に引き込もうとすれば、先端ではなく付け根を摑まねばならない。

ミミズがこれらの葉を難なく適切に扱うという事実から、ミミズの作用世界で決定的な役割を果たしているこれらの物体の形は、その知覚世界では知覚標識として存在しているに違いないと結論されていた。

ところが、この仮定は誤りであることがわかった。ミミズは、ゼラチンにひたした形の同じ小さな棒をどちらの端《はし》も区別なくその穴に引きいれた。しかし、その棒の一端には乾燥したサクラの葉の先端の粉末を、他端には葉のつけ根の粉末をまぶしておくと、ミミズは本物の葉の先端とつけ根であるかのように、棒の両端を区別したのである。

ミミズは葉を形に応じて適切にあつかうが、それは葉の形に従っているのではなく味に従っているのである。明らかに、ミミズの知覚器官の造りは形の知覚標識を形成するにはあまりに単純すぎるので、このような調整がおこったのであろう。この例は、われわれにはまったく太刀打ちできそうもない困難を回避する術を、自然が心得ていることを物語っている。

こういうわけで、ミミズには形態知覚はなかったのである。そこで疑問はますます大きくなった。形を環世界で知覚標識としている動物にはどんなものがいるのだろうか。

この疑問はその後解決された。ミツバチは星型や十字型のような先の開いた形を示す図形に好んでとまり、反対に、円や正方形のような閉じた形を避けることがわかったのだ。

次頁の図23はその観点から描いた、ミツバチの環境と環世界の対比である。

咲いた花とつぼみがいりまじっている野原という環境にミツバチがいる。

図 23　ミツバチの環境(上)と環世界

ミツバチをその環世界におき、花をその形に応じた星型や十字型に置き換えてみると、つぼみは円という開いていない形と見なされる。

このことから、この新たに発見されたミツバチの特性の生物学的意味はすぐにわかる。ミツバチにとって意味があるのは花だけであって、つぼみには意味がないのである。

ダニの例ですでに見たように、環世界の研究では、意味の関係こそが唯一信頼できる道標である。開いた形のほうが生理的に作用が強いかどうかは、この際まったく副次的な問題である。

形の問題(Formproblem)はこうした研究によってひじょうに単純な定式にすることができた。知覚器官の局所記号に対応する知覚細胞が二つのグループに分けられていて、一方は「開いた」パターンに対応し、他方は「閉じた」パターンに対応すると考えればいいのである。それ以上の区別はない。これらのパターンが出現すると、それらからまったく一般的に通用する「知覚像(Merkbild)」が生まれる。最近のみごとな研究からわかるように、ミツバチの知覚像は色と匂いに満ち満ちている。

ミミズもイタヤガイもダニも、このようなパターンをもっていない。つまり、彼らの環世界には真の知覚像というものがまったく欠けているのである。

六章　目的と設計《プラン》

われわれ人間は、ある目的から次の目的へと、苦労しながら自分の生活を進めていくことに慣れているので、ほかの動物も同じような生きかたをしていると信じて疑わない。これは基本的な思い違いであって、このために従来の研究が再三誤った方向に導かれたのであった。

たしかに、ウニやミミズが目的をもっていると主張する人はいまい。しかし、われわれはダニの生活を描写した際に、彼らが獲物を待ち伏せると書いた。この表現によってすでに、無意識にではあるが、純粋な自然の設計《プラン》(Naturplan)に支配されているダニの生活に人間の日常的些事をもちこんでしまっている。

こういうわけで、環世界を観察する際、われわれは目的という幻想を捨てることがなにより大切である。それは、設計という観点から動物の生命現象を整理することによってのみ可能である。高等哺乳類のある種の行動は目的にかなった行動であることがいず

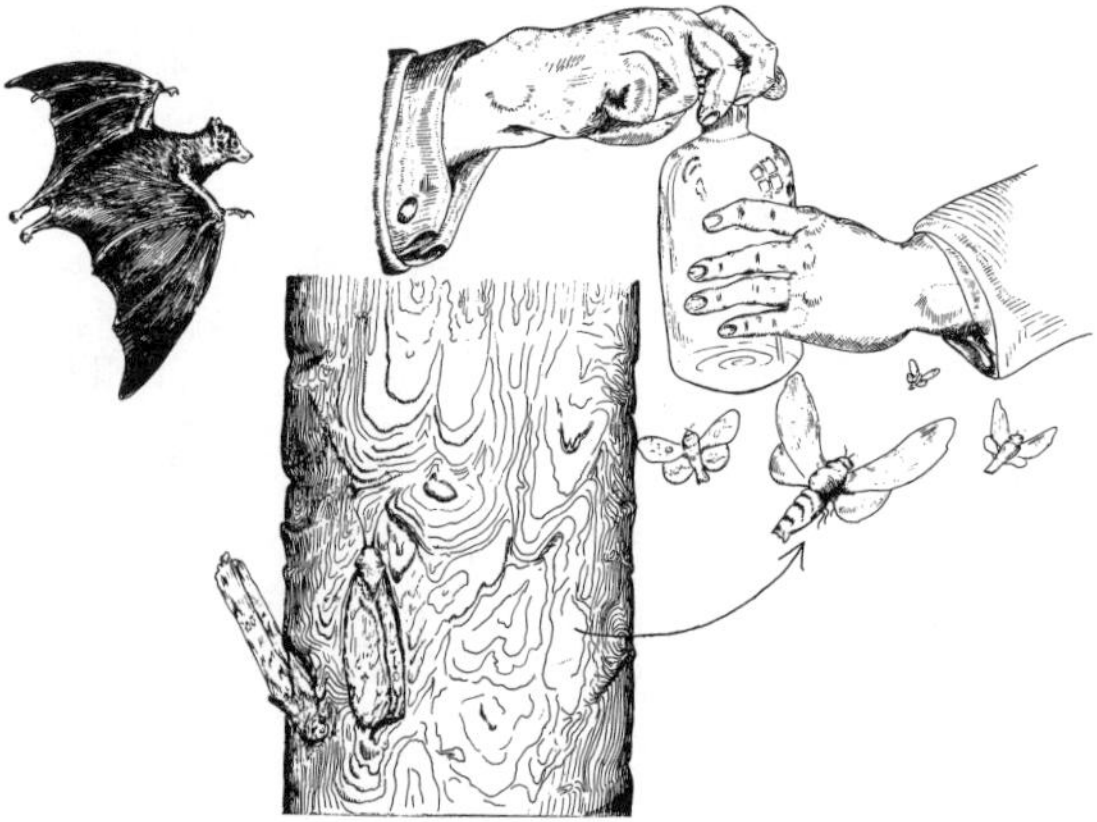

図24　ガに対する高音の作用

れ実証されるかもしれないが、目的にかなった行動自体がやはり全体としての自然設計に組みこまれているのである。

それ以外のあらゆる動物では、ある目的に向けられた行動というものはまったく見られない。このことを証明するために、疑う余地のない環世界を二、三読者にお見せすることが必要であろう。図24は、ガの音感覚について寄せられた情報をもとに描いたものである。この図からうかがえるように、そのガにセットされている音であるならば、コウモリの発する音であるか、ガラスびんの栓をすりあわせるときの音であるかに関係なく、その作用は同じである。明るい体色のせいで目立つガは、高い音がするとすぐに逃げ去るが、保護色をもつ種はとまったままである。同じ知覚標識が彼らに反対の結果を招くのである。この二つの正反対の行動様式が高度な設計にもとづいていることは一目瞭然である。ガは自分の体色を見たことがないのだから、判断したり目的を設定したりしているはずはない。このガの聴覚器官の精巧で微細な構造がもっぱらコウモリの高い音のためにあることを知ると、この設計の見事さに対する感嘆の念はいっそう深いものになる。このガはそれ以外の音はまったく聞こえないのである。

目的と設計の矛盾はファーブル(1)のすぐれた観察によってすでに明らかにされている。彼がジャノメヤママユの雌を白い紙の上に置いたところ、このガは紙の上でしばらく腹を動かしていた。そのあと、彼はこのガを、この紙のわきにある鐘形《しょうけい》ガラスの中に入れた。その夜、このめずらしい種の雄が大群をなして窓から飛びこんできて、白い紙の上に殺到した。だが、その隣の鐘形ガラスの中にいる雌に注意をはらう雄は一匹もいなかった。どのような類《たぐい》の物理的あるいは化学的作用がこの紙から発していたのか、ファーブルは突き止めることができなかった。

これについては、キリギリスとコオロギとでおこなわれた研究が示唆に富んでいる。

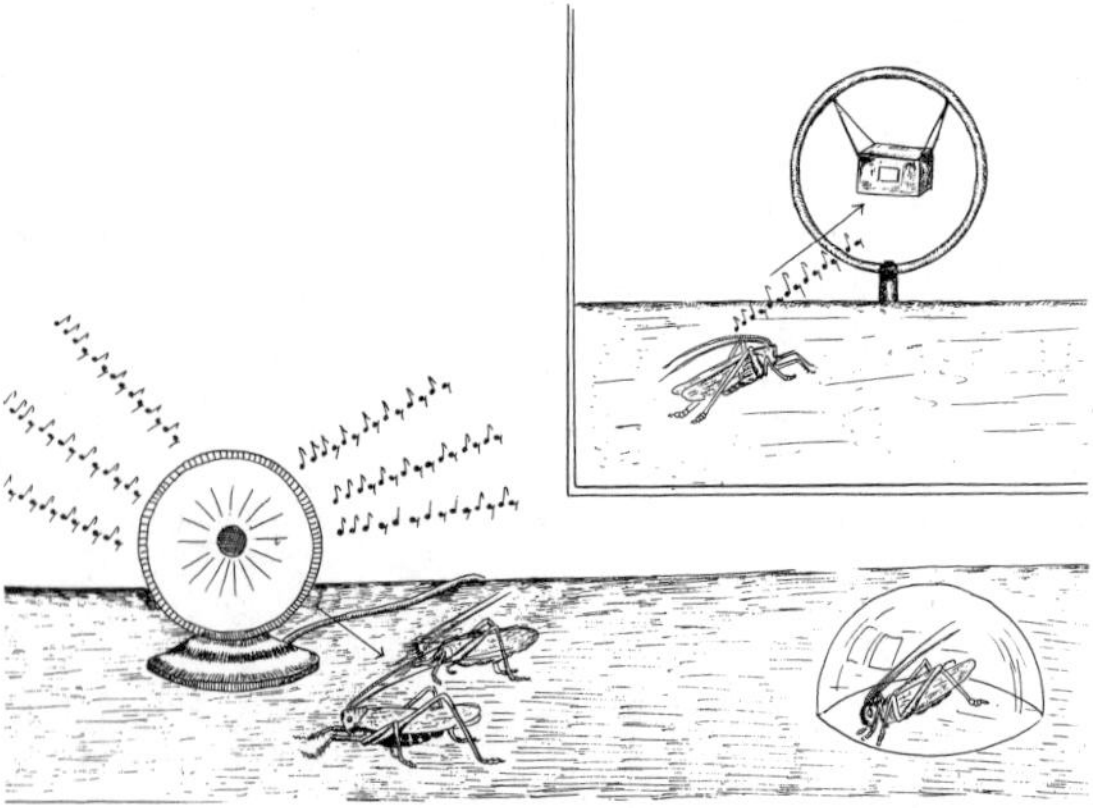

図25 マイクロフォンの前のキリギリス

図25はその実験を描いたものである。一方の部屋には受信用のマイクロフォンの前で元気よく鳴いている一匹の雄がいる。隣の部屋ではこのマイクとつながったスピーカーの前に雌たちが集まっているが、鐘形ガラスの中でむなしく鳴いている雄には目もくれない。その声が外に聞こえないからだ。雌たちの接近はまったくおこらない。視覚的な像にはなんの作用もないのである。

この二つの例は同じことを示している。目的の追求は問題外である。ともかくガの雄たちやコオロギあるいはキリギリスの雌たちのこの一見ふしぎな行動は、彼らの設計図を調べてみれば、容易に説明がつく。どちらの場合も、ある知覚標識によってある機能環が働きはじめたが、正常な客体が締め出されているため、最初の知覚標識の消去に必要とされるはずの適切な作用標識が生まれないのである。ふつうなら、何か別の知覚標識がこの場所を埋めて、つぎの機能環を解発するはずである。この第二の知覚標識がどのようなものかは、どちらの場合にもさらに詳しく調べなければならない。いずれにせよそれは、交尾に役立つ機能環の連鎖における必要不可欠な輪なのである。

なるほどそれなら、目的にかなった行動というものを昆虫に期待するのはよそう、という人がいるかもしれない。ダニのところで見たように、昆虫は自然の設計に直接支配されており、その設計によって知覚標識が決定されているのだ。しかし、鶏小屋でめんどりがひなを助けにかけよるのを見たことのある人なら、真の目的的行動の存在を疑うことはできまい。まさにこの状況について、たいへんみごとな実験がおこなわれ、十分な確信を与えてくれている。

図26はこの実験で得られた結果を説明したものである。ひなの片足をつないで大声でピヨピヨ鳴きわめかせると、それを聞いためんどりは、ひなの姿が見えなくてもすぐさま羽毛を逆立てて、声のするほうへとんでいく。めんどりはひなを見つけるやいなや、

図 26 めんどりとひなたち

狂ったように架空の敵をつつきはじめる。

ところが、めんどりの目の前で、つないだひなに鐘形ガラスをかぶせると、その姿はまる見えなのに声が聞こえないので、めんどりはその光景に少しもわずらわされない。

図 27 めんどりと黒いひな

この場合もやはり、問題は目的にかなった行動ではなくて、機能環の連鎖の遮断である。ふつうなら、ピヨピヨという声の知覚標識はひなを襲っている敵とは直接の関係なしに発せられる。そして設計によればこの知覚標識は敵を追い払うためにくちばしでつつくという作用標識によって消去される。もがいていても鳴き声を発していないひなは、特別の活動を解発する知覚標識にはけっしてならない。めんどりは紐をといてやれる立場にはないので、そのような知覚標識はたとえあっても、まったく不適切なものとなろう。

さらに奇妙で無目的な振舞いをしたのは、図27

に写っているめんどりである。このめんどりは白色品種の卵といっしょに黒色品種の自分の卵を一つ孵《かえ》した。彼女は自分の血を分けたこのひなに対しておそろしく不合理な態度をとった。その黒いひながピヨピヨ鳴くと、彼女はすぐにかけつけてきたが、白いひなたちの中にそのひなを見つけると、このひなをつつきはじめたのである。同じ客体の聴覚標識と視覚標識が彼女のなかで二つの相容れない機能環を呼びおこしたのだ。どうやらひなの二つの知覚標識はこのめんどりの環世界で一つに融合していなかったらしいのである。

（1）　ジャン・アンリ・ファーブル（Jean Henri Fabre, 1823-1915）フランスの昆虫研究者。

七章　知覚像と作用像

主体の目的と自然の設計《プラン》とを対比してみると、だれも正しい扱いができずにいる本能の問題を切り抜けることができる。

ドングリはカシワの木になるのに本能を必要としているだろうか。一群の骨形成細胞は骨を造るために本能的に働いているのだろうか。もしそんなことはないと否定して、本能の代わりに自然の設計というものを秩序立ての要因として取り入れるなら、クモの巣網張りや鳥の巣作りにも自然の設計の支配が認められるであろう。どちらの場合も各個体の目的というものは論外なのだから。

本能は、個体を超えた自然の設計というものを否定するためにもちだされる窮余の産物にすぎない。自然の設計が否定されるのは、設計が物質でも力でもないので、設計とはなにかということについて正しい概念を形成できないためである。

しかし具体的な例に頼れば、設計を見る目をもつことは難しいことではない。

壁に釘を打つとき、金槌がなくてはどんな立派な設計も無駄である。だが、なんの設計もなく偶然にまかせたのでは、どんな立派な金槌も役立たない。自分の指を叩いてしまうのが落ちである。

設計がなければ、つまり、あらゆるものを支配する自然の秩序の条件がなければ、秩序ある自然でなく、単なる混沌になってしまうにちがいない。すべての結晶は自然の設計の産物であり、そして物理学者たちがボーアのみごとな原子モデルを披露するとき、彼らはそれによって、みずからが探りだした非生物的自然の設計を解説しているのである。

生物界がいかに自然の設計の支配を受けているかは、環世界を研究するときにいちばんよくわかる。設計の探究は最も興味深い仕事の一つである。だから、迷うことなく落ちついて環世界への歩みを進めることにしよう。

図28(カラー口絵参照)に描かれている出来事は、ヤドカリの研究から得られた成果の概要を示したものである。知覚像(Merkbild)としてヤドカリに必要なのは、ある極度に単純な空間図形であることが明らかにされている。円筒形ないし円錐形の輪郭をもつ一定の大きさの対象物なら、それが何であっても彼らにとって意味があるのだ。

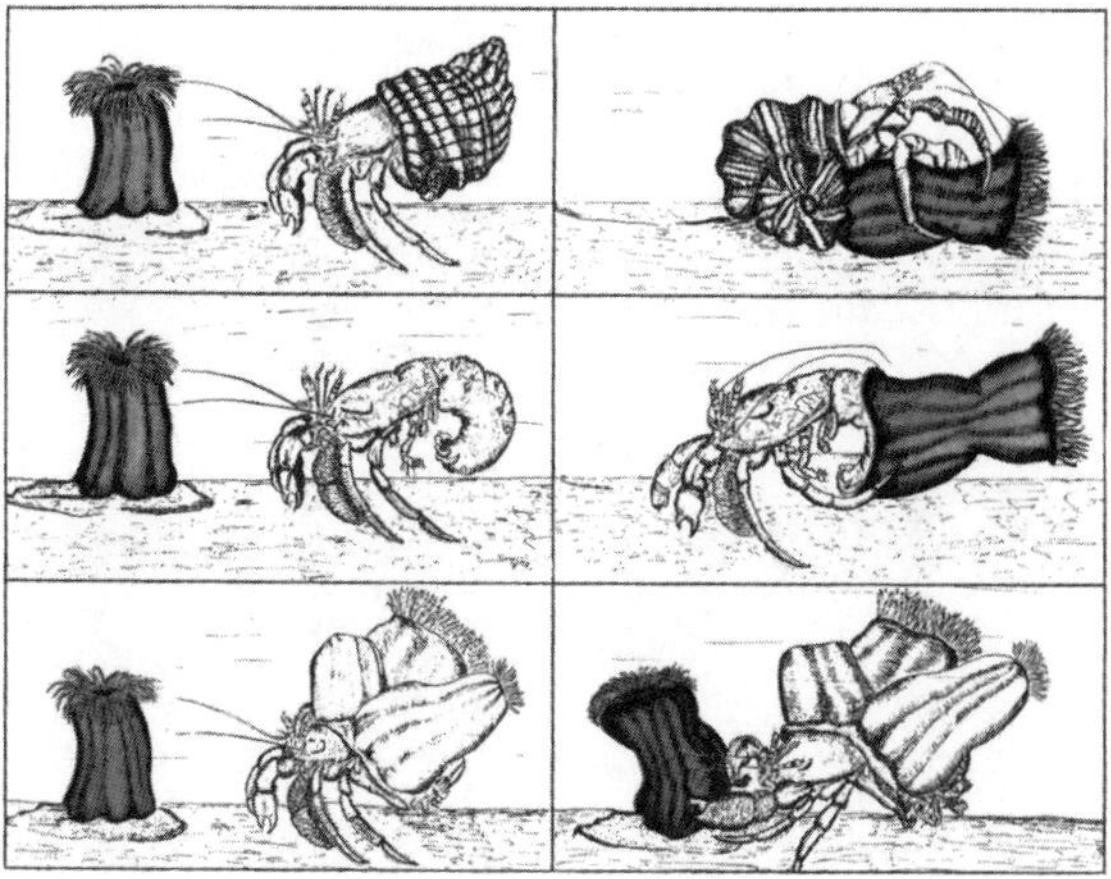

図28 イソギンチャクとヤドカリ

これらの絵からわかるように、同じヤドカリの環世界の中にある、円筒形をした同じ一つの対象物(この場合はイソギンチャク)は、そのときのヤドカリの気分によってその意味が変わるのである。

図に描かれているのは同じヤドカリと同じイソギンチャクである。一番上の図は、ヤドカリの家である貝殻の上についたイソギンチャクをとりはずした場合である。二番目は、ヤドカリから貝殻も取り去ってしまった場合である。三番目は、貝殻とイソギンチャクを背負ったヤドカリを長時間絶食させておいた場合である。ヤドカリを三つの異なる気分にさせるにはこれで十分である。

ヤドカリの気分の違いによって、イソギンチャクはヤドカリにとって意味が変わる。ヤドカリの家についたイソギンチャクはイカの攻撃を防ぐのに役立つが、家にイソギンチャクの覆いがついていない最初の例では、イソギンチャクの知覚像は「保護のトーン(Schutzton)」になる。それは、ヤドカリが自分の家にイソギンチャクをくっつけようとする行動にあらわれる。この同じヤドカリがその家を奪われると、イソギンチャクの知覚像は「居住のトーン」となり、それは、ヤドカリがたとえ無駄でもそのイソギンチャクの中にもぐりこもうとすることにあらわれる。ヤドカリが飢えている第三の場合には、イソギンチャクの知覚像は「摂食のトーン」になる。ヤドカリがイソギンチャクを食べはじめることでそれがわかる。

これらの知見はとりわけ重要である。というのは、この節足動物の環世界では、感覚器官から生じた知覚像が、その結果あらわれる行動に応じた「作用像(Wirkbild)」によって補われ変化することを示しているからである。

この注目すべき事実を解明するためにイヌで実験がおこなわれた。設問はごく簡単で、イヌの応答も明快だった。イヌは「椅子」という命令で、自分の前にある椅子に跳び乗るよう仕込まれた。次に椅子を取りのけて、命令をくりかえした。すると、イヌは「座《すわ》る」という同じ仕事をおこなえるあらゆるものを椅子として扱い、跳び乗ることがわかった。いうなれば、木箱、本棚、ひっくりかえした腰掛けなど他の一連の対象物が「座るトーン」を獲得した。しかしそれはあくまでイヌにとっての座るトーンであって、人間の座るトーンではなかった。なぜならこれらのイヌの座り場所の多くは、人間にふさわしい座り場所ではまったくなかったからである。

同じく、「テーブル」や「小屋」もイヌにとって特別なトーンをもっており、そのトーンはイヌがそれらを使っておこなう行為によって異なることがわかった。

この問題自体はしかし、人間においてはきわめてややこしいものになりうる。どうしてわれわれは、知覚的には与えられていないのに、椅子は座るもの、コップは飲むためのもの、梯子《はしご》は登るものと判断するのだろうか。われわれは、自分がその使いかたを学習しているあらゆるものに、その形や色と同じように確実に、それを使っておこなう行為を見てとるのである。

私はあるたいへん知的で有能な黒人の若者をアフリカの奥地からタンザニアのダルエスサラームに連れてきたことがある。唯一彼に欠けていたのはヨーロッパ式の日用品の知識であった。私が彼に短い梯子に登るようにというと、彼はこうたずねた。「支柱と隙間《すきま》しか見えないけど、いったいどうすればいいんですか」。もう一人の黒人が彼の前で登ってみせたところ、彼はそれを難なくまねることができた。それ以来、彼にとって知覚的に与えられた「支柱と隙間」は登るというトーンをもつようになり、いつでも梯子と見なせるようになった。支柱と隙間という知覚像はみずからの行為という作用像によって補われ、これによってあらたな意味をもつようになった。そしてこれが新たな特性のように、行為のトーン、すなわち「作用トーン」の形であらわれたのである。

この黒人の例からわかるように、われわれは自分の環世界の対象物でおこなうあらゆる行為について作用像を築きあげており、それを感覚器官から生じる知覚像と不可避的にしっかり結びつけるので、その対象物はその意味をわれわれに知らせる新たな特性を獲得する。これを簡単に作用トーンと呼ぶことにしよう。

同じ対象物がいくつかの行為に使われる場合は、その対象物は複数の作用像をもつことがあり、そのときにはそれらの作用像は同じ知覚像に別のトーンを与えることになる。椅子はときには武器として使われることがあるが、そのときには別の作用像をもち、それは「殴打《おうだ》のトーン」としてあらわれる。ヤドカリの場合と同様、このきわめて人間的な場面でも、知覚像にどの作用像がトーンを与えるかについては、主体の気分がひじょうに重要である。ただし複数の作用像を仮定することができるのは、動物の行動を支配する中枢的な作用器官がある場合だけである。ウニのように完全に反射で動いている動物はこの限りではない。しかし、ヤドカリの例でもわかるように、それ以外の場合には作用像の影響は動物界に広くおよんでいる。

作用像を利用して人間と類縁の遠い動物の環世界を描きだそうとするとき、つねに肝《きも》に銘じておかねばならないのは、作用像とはその動物の環世界に投影された働きであるということである。それは作用トーンを通じてはじめて知覚像にその意味を与えるのだ。だから、ある動物の環世界の重要な事物を描くにあたってわれわれは、それらの事物によって知覚的に与えられた知覚像の意味をよく把握するために、その知覚像に何かある作用トーンを付与するであろう。ダニのように、空間的に組み立てられた知覚像など問題外の場合でも、獲物から意味のあるものとしてダニに届く三つの刺激についても、その意味は、落ちる、走り回る、食いこむという(それらの刺激と結びついた)三つの作用トーンに由来する、といっていいであろう。確かに、主導的役割を果たしているのは、刺激のゲートである受容器の選択機能であるが、しかしまず刺激と結びつけられる作用トーンが、そのゲートをまちがいのない確実なものにしているのである。

作用像は動物の識別しやすい行為から推論できるので、なじみのない主体の環世界の状況がかなり明白になってくる。

トンボがある枝にとまろうとして飛んでいくとき、その枝はトンボの環世界に知覚像として存在するだけでなく、他のすべての枝から識別される、座るトーンによってくっきり浮かびあがっているのである。

われわれが作用トーンを考慮に入れたときはじめて、環世界は動物にとってわれわれが驚嘆するような大きな確実性を獲得する。ある動物が実行できる行為が多いほど、その動物は環世界で多数の対象物を識別することができるといってよいだろう。実行できる行為が少なく作用像も少なければ、その環世界は少ない対象物からなる。このためその環世界はたしかに貧しいものではあるが、それだけ確実なものになっている。なぜなら、ものが少ないほうが、たくさんある場合より勝手がわかりやすいからである。もしゾウリムシがその行為の作用像をもっているとすれば、ゾウリムシの環世界は、全体がすべて同じ障害物のトーンをもつ同種類の対象物だけから成り立っているにちがいない。いずれにせよ、このような環世界は確実性という点では万全のものであろう。

図 29
人間にとっての
部屋

図 30
イヌにとっての
部屋

図 31
ハエにとっての
部屋

ある動物の行為の数が増すとともに、その環世界に存在する対象物の数も増える。その数は体験を積み重ねることのできる動物では、各個体が生きていく過程で増加していく。なぜなら、それぞれの新しい体験は、新たな印象に対する新たな態度を引き起こすからだ。その際、新しい作用トーンをもった新しい知覚像が作られるのである。

これはとりわけイヌで観察することができる。イヌはある種の人間の日用品の扱いかたをおぼえるが、その場合イヌは人間の日用品をイヌの日用品にしているからである。とはいえ、イヌの対象物の数はわれわれの対象物の数より格段に少ない。

それは図29—31の三つの組み絵ではっきり示される(カラー口絵、および前頁参照)。これらの図にはいずれも同じ部屋が描かれている。だがその中にある対象物は、図29では人間が、図30ではイヌが、図31ではイエバエが自分と結びつける作用トーンの数に応じて異なるように表されている。

人間の環世界では部屋の中の対象物の作用トーンは、椅子は座席のトーン色(口絵ではオレンジ)、テーブルは食事のトーン色(ローズ色)、グラスや皿はまた別のしかるべき作用のトーン色(黄色と赤=食物トーンと飲物トーン)で表されている。床は歩行のトーン色をもつが、本棚は読書のトーン色(藤色)を、机は書き物のトーン色(青)を示す。そし

図32 ハエの環世界の中のもの

て壁は障害物のトーン色(緑)をもち、電灯は光のトーン色(白)をもっている。

イヌの環世界では、人間の環世界のものと同じ作用トーンは同じ色で示してある。だがそのようなものは食物のトーン色や座席のトーン色くらいで、そのほかはすべて障害物のトーン色を示している。回転椅子もくるくるまわるので、イヌにとっては座るトーンをもっていない。

最後に、ハエにとっては、電灯(その意味については前に述べた)とテーブルの上のものを除いてすべてのものが歩行のトーン色しかもっていないのがわかる。

ハエがわれわれの部屋の環境の中で確実にものを認識していることは、図32から明らかである。テーブルの上に熱いコーヒーの入ったポットが置かれるやいなや、ハエが集まってくる。ハエにとって温かさが刺激になるからである。テーブルはハエにとって歩行のトーンをもっているので、彼らはその上を歩きまわる。ハエの肢《あし》には味覚器官があり、それが刺激されると口吻を突き出す行動が解発されるので、食物はハエを引きとめるが、ほかのあらゆるものは彼らを歩きまわらせる。ハエの環境からハエの環世界を取りだすのはいとも容易である。

八章　なじみの道

人間の環世界の多様性を確かめる最も簡単な方法は、知らない土地をその土地に詳しい人に案内してもらうことである。案内者はわれわれ自身には見えない道を確信をもってたどっていく。案内者個人の環世界では、環境の無数の岩や樹木のうち、いくつかのものは順にならんで、道しるべとして他のすべての岩や樹木から区別されている。不案内な者にとっては区別できそうな印はなにも見当たらないのだが。

なじみの道は個々の主体によってまったく異なっており、したがって典型的な環世界の問題だといえる。なじみの道は空間の問題であり、主体の作用空間と同時に視空間にも関係している。これは、知っている道の説明のしかたからすぐにわかる。たとえば、赤い家の先を右に曲がり、それから一〇〇歩まっすぐ進み、左に曲がってさらに歩く、というように。ある道を説明するのにわれわれが使うのは、三種類の知覚標識である。一つは視覚的標識、もう一つは座標系の方向平面、そして三つめは方向歩尺である。この場合にわれわれが用いるのは、基本的な方向歩尺、すなわち最小限可能な運動単位ではなく、歩行をおこなうのに必要だとして周知されている基本的運動量のまとまりである。

足を規則正しく前後に動かすときの歩幅は個人個人できまっており、その長さが多数の人でほぼ同じであるため、近代まで共通の長さの尺度として使われていた。だれかに一〇〇歩歩けと命ずるとき、それは、等しい運動量を足に一〇〇回与えよ、といっていることになる。その結果、踏破《とうは》距離はいつもだいたい同じになる。

きまった距離を何度も通る場合、歩くときに与えられた運動量が方向記号として記憶に残るので、われわれは視覚標識にまったく注意を払っていなくても、無意識に同じ場所で止まる。このため、なじみの道では方向記号がたいへん有効な働きをするのである。

動物の環世界でなじみの道の問題がどのような影響をおよぼしているかを突き止めることは、たいへん興味深い。いろいろな動物の環世界でなじみの道が構築される際、嗅覚標識と触覚標識は決定的な役割を担っているに違いない。

アメリカの多数の研究者たちは数十年にわたってさまざまな動物で迷路実験をおこない、それぞれの動物がきまった道を覚えるのにどれくらいかかるかを調べてきた。彼らはそれがなじみの道の問題であることに気づいていなかった。彼らは視覚標識も触覚標識も聴覚標識も調べてみようとはしなかったし、各動物が座標系を利用していることも考えつかなかった。左右はそれ自体が問題になることも思いおよばなかった。彼らは、動物でも歩幅を距離の尺度に利用しうることに気づかなかったので、歩数の問題もいっさい検討していない。

要するに、なじみの道の問題は、観察資料が無数にあるにもかかわらず、まったくあらたに手をつけねばならない。イヌの環世界になじみの道を見つけることは、その理論的な興味とならんで、盲導犬がどんな課題を解かねばならないかを考えればすぐわかるように、きわめて実際的な意味ももっているのである。

図33には盲導犬に導かれた盲人が描かれている。盲人の環世界はきわめて限られたものである。彼にわかるのは、足と杖で探れる範囲の道だけである。彼がたどっている街路は彼にとっては闇のなかに沈んでいる。けれど、イヌは家へのきまった道をたどって彼を導かねばならない。調教の難しさは、イヌの利益になる知覚標識ではなくて盲人の利益になる知覚標識を、イヌの環世界に組み込まねばならないところにある。イヌが盲人を案内するルートは、盲人がぶつかるかもしれない障害物を迂回していなければなら

図 33 盲導犬に導かれている盲人

図34　コクマルガラスのなじみの道

ない。とりわけ難しいのは、郵便受や開いている窓といった、イヌがいつもは気にもせずにその下を通りぬけていくであろうものを知覚標識として教えこむことである。また、盲人がつまずくかもしれない歩道の縁《ふち》石《いし》も、イヌの環世界に知覚標識として取り入れることは難しい。自由に歩きまわっているイヌがそれに気づくことはふつうならほとんどないのだから。

図34は若いコクマルガラスで観察されたことを描いている。ごらんのように、家のまわりを一回り飛んだコクマルガラスは回れ右をして、自

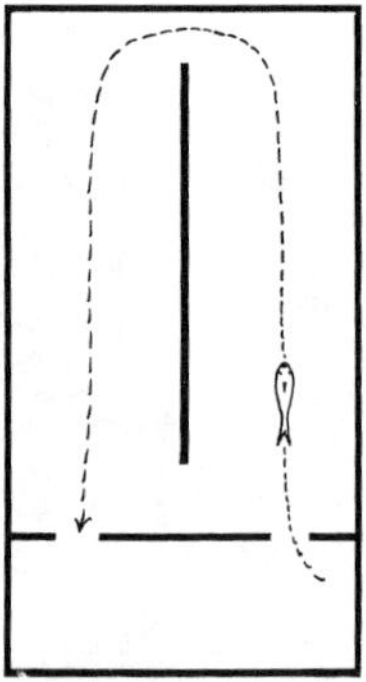

図35 闘魚ベタのなじみの道

分が知っている往路を帰路に使って飛び出し口に戻る。反対側から来たときにはそれとわからなかったのだ。

最近明らかにされたところによると、ネズミは直通路が開かれても、いつまでも元の慣れた回り道を使うという。

このなじみの道の問題はあらたにベタという闘魚について取り上げられ、次のような結果が得られている。

この魚ではとくに、未知の物体は彼らに忌避《きひ》反応をおこさせることがわかっている。水槽に魚が容易にくぐりぬけられる丸い穴が二つあいたガラス板を沈めた。穴の向こうに餌《えさ》を置いてやると、魚はかなり長い時間たった後にやっとためらいながら穴をくぐりぬけ、その餌を取った。餌を穴の脇に置いてやると、魚はすぐに寄ってきた。最後に、餌をもう一つの穴の向こうに置いた。にもかかわらず、魚はかならずなじみの穴をくぐり、なじみでないこの穴を利用するのを避けた。

図35に示したように、水槽の餌を与える側に仕切り板を取り付け、餌で釣って魚が仕

切り板の回りをまわるようにしむけた。

板の、魚とは反対側に餌を置いたとき、魚はためらうことなくなじみの道を通っていった。板の手前を通っても餌に到達できるように仕切り板を立ててあったのにかかわらずである。この場合、このなじみの道には視覚標識と方向標識、そしておそらく方向歩尺も関係していたのだ。

要するに、なじみの道は、粘性《ねんせい》の高い流体の中を粘性の低い流体が一筋通っているようなものだと言えよう。

九章　家《ハイム》と故郷《ハイマート》

なじみの道と近い関係にあるのが家(Heim)と故郷(Heimat)の問題である。

この話の出発点としてよく選ばれるのは、トゲウオの研究である。巣を作ったトゲウオの雄は、好んで色のついた糸状のもので入口に印をつける。これは稚魚《ちぎょ》のための視覚的な道しるべなのだろうか。稚魚は巣の中で父親の保護をうけて成長する。この巣は彼らの家である。しかし故郷は家の外まで広がっている。図36は二匹のトゲウオが相対する隅に巣をかまえている水槽を上から見たところである。水槽の中には目に見えない境界線が通っていて、それぞれの巣に所属する二つの領土に分かれている。巣に付属するこの領土がトゲウオの故郷で、トゲウオは相手が自分より大きくてもこの故郷を断固守りぬく。故郷の中では、そこに住んでいるトゲウオがかならず勝者になる。

故郷はまさに環世界の問題である。なぜなら、それはあくまで主観的な産物であって、その存在についてはその環境をひじょうに厳密に知っていてもほとんどなんの根拠も示

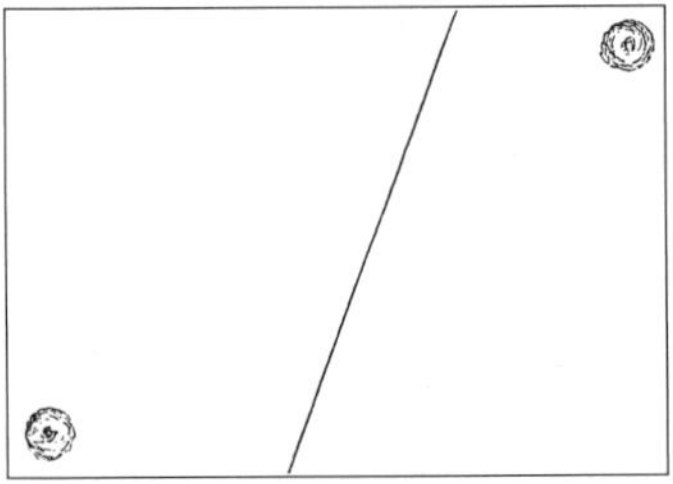

図 36 トゲウオの家と故郷

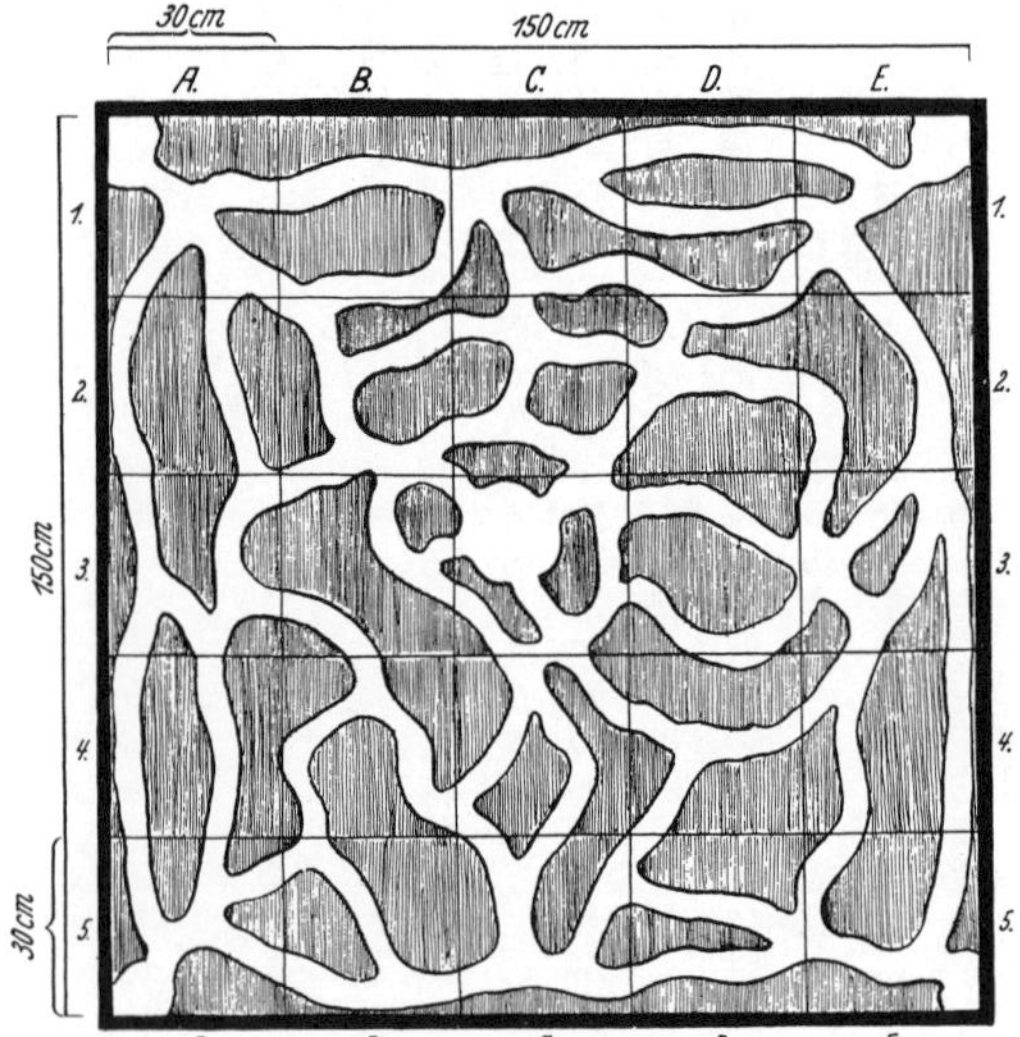

図 37 モグラの家と故郷

せないからである。

問題は、どんな動物が故郷をもち、どんな動物がもたないかである。シャンデリアのまわりのきまった空間部分を行ったり来たりかすめ飛ぶイエバエは、だからといって故郷をもっているわけではない。

これとは反対に、クモは巣を作り、たえずそこで活動する。この巣はクモの家であると同時に故郷でもある。

モグラにとっても同じことがいえる(図37)。モグラも自分で家と故郷を築いている。地下にはクモの巣網のように整然としたトンネル・システムが広がっている。しかし、彼の支配領土は個々のトンネルだけではなく、トンネルで囲まれた土地全体なのである。飼育下ではモグラはクモの巣網と似たようなトンネルを作る。モグラはよく発達した嗅覚器官のおかげで、トンネルの中でうまく食物を見つけるだけでなく、トンネルの外の硬い土の中の食物を五―六センチの距離から嗅ぎつけることが証明されている。飼育下のモグラが作るような密集したトンネル・システムでは、トンネルとトンネルの間の土の部分もモグラの感覚によって支配されているにちがいない。モグラがトンネルとトンネルの間をもっと広くとれる自然界では、モグラはトンネルのまわりの一定の半径の土地も嗅覚的に管理することができる。クモと同様に、モグラは網の目のように張りめぐらされたトンネルの中を何度も巡回し、その中に迷いこんできたすべての獲物を拾い集める。モグラはこのトンネル・システムのまん中に枯れ葉をつめこんだ穴をつくる。これがモグラの本当の家で、モグラはこの中で休息の時を過ごす。地中のトンネルはすべてモグラにとってなじみの道で、その中では前方にも後方にも同じくらいすばやく器用に進むことができる。トンネルが広がるかぎり、モグラの猟場が広がる。そこは同時に彼の故郷であり、彼はそこを隣のモグラから命を賭けて防衛する。

目の見えない動物であるモグラが、われわれにはまったく均質に見える媒体の中で確実に勝手がわかるというのは、驚くべきことである。きまった場所で餌を摂るように訓練すると、その場所に通じるトンネルがすっかりつぶされても、モグラはふたたびその場所を見つけることができる。その際、モグラが嗅覚的知覚標識に導かれる可能性はない。

モグラの空間は純粋な作用空間である。モグラには、方向歩尺を再現することによって、一度通ったことのある道をもう一度見つける能力がある、と考えねばならない。その際、あらゆる目の見えない動物と同じく、方向歩尺と結びついた触覚標識が重要な役割を果たしている。方向標識と方向歩尺が一体となって空間的図式の基盤になると考えることもできよう。トンネル・システムあるいはその一部を破壊された場合、モグラはそのような図式をもちだして、それを使ってもとのシステムに似た新しいシステムを作りあげることができるのである。

ミツバチもやはり家を作る。しかし、彼らが食物を探す巣箱のまわりの地域はたしかに彼らの猟場ではあるが、見知らぬ侵入者から防衛される故郷ではない。これに対して、カササギの場合は家と故郷があるといっていい。なぜなら、彼らはある地域内に巣を作り、その地域内では見知らぬカササギを黙認することはけっしてないからだ。

おそらく、ひじょうに多くの動物が自分の猟場を同種の仲間から防衛し、それによってそこを故郷にしていることがわかるだろう。任意の地域を選んでそこに故郷領域を描きいれてみると、それはそれぞれの種について、攻撃と防衛によって境界線がきまる一種の政治地図のようなものになる。しかも多くの場合、空いた土地は一つもなく、いたるところで故郷と故郷がぶつかりあっていることが明らかになるであろう。

猛禽《もうきん》の巣と猟場の間には中立地帯があり、彼らはそこではふつういっさい獲物を襲わないという、たいへん注目すべき観察がある。この環世界の区分は、猛禽が自分のひなを襲うのを防ぐために自然によって与えられたものだと鳥類学者は考えており、おそら

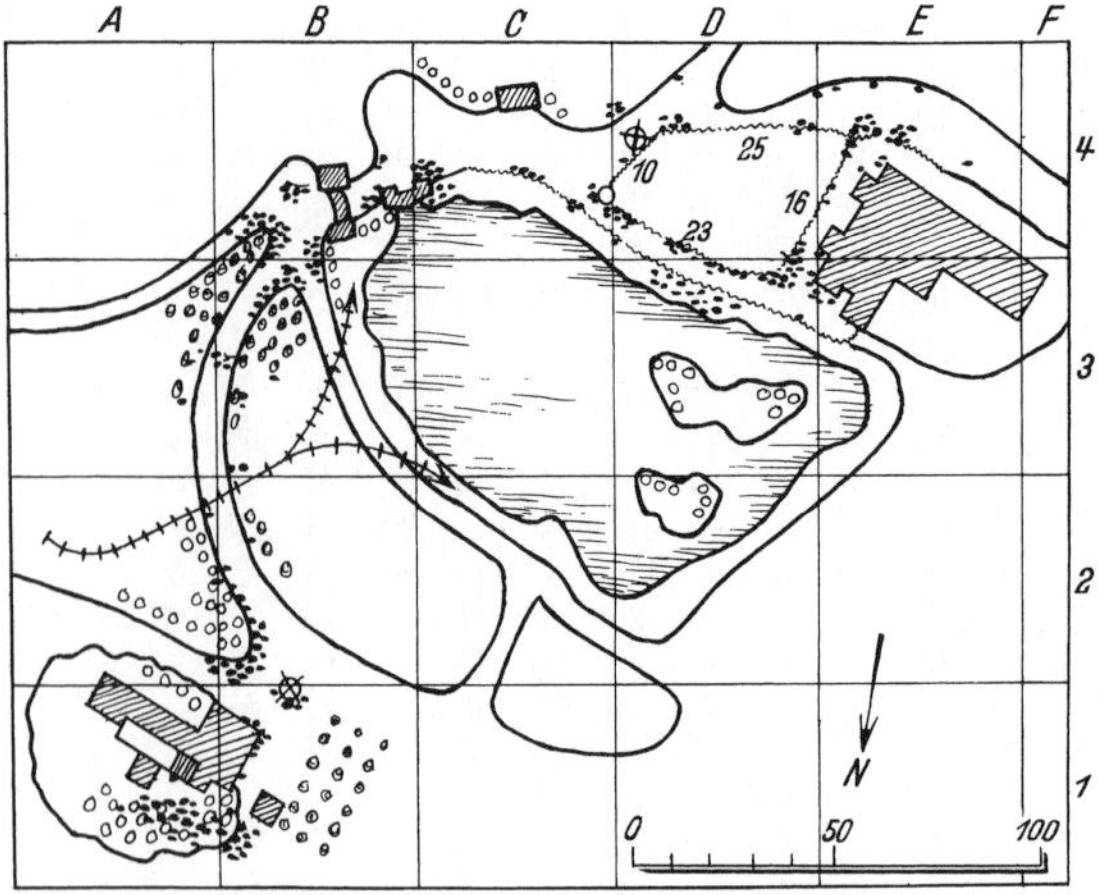

図38 ハンブルク動物園の地図

くこの推測は正しいであろう。よく言われるように、ひなは巣立ちして親の巣のそばで枝から枝へ跳んで過ごす時期に、自分の親に誤って襲われるという危険に遭いやすい。このため、ひなは保護区域である中立地帯で数日間安全に暮らすのである。この保護区域にはいろいろな小鳥がやってきて巣を作り、ひなを育てる。ここなら大型の猛禽に守られて、安全にひなを育てられるからである。

イヌが同種の仲間に自分の故郷を知らせる方法は、とくに注目に値する。図38は、毎日散歩に連れていってもらう二頭の雄イヌが散歩中に尿

図 39 自分の家に印をつけるクマ

をかけた場所を示したハンブルク動物園の地図である。

彼らが自分の匂いの印をつけた場所はいつも、人間の目にもとくに目立つ場所だった。二頭をいっしょに散歩に連れだすと、かならず尿かけ競争がはじまった。

気の強いイヌはたいてい、よそのイヌに出会うが早いか、目についた最寄《もよ》りのものに自分の名刺を差し出す。ほかのイヌの匂いの印のついた他人の故郷に侵入すると、彼はこの他人の目印を次つぎに捜しだして、たんねんに上塗りする。反対に、気の弱いイヌはほかのイヌの故郷ではこの匂いの印のそばをおどおどしながら通りすぎ、匂いの記号で自分の存在を明かすことをしない。

故郷のマーキングは、図39に見られるように、北アメリカの大型のクマでもふつうに見られる。クマは、遠くから見える孤立した木を選んで、目いっぱい体を伸ばして立ち、背中と鼻先でその樹皮をこすりとる。これはほかのクマに対する信号(Signal)となり、それを見たほかのクマはその木を大きく迂回し、そんな大きなクマが故郷として防衛しているこの地域全体を避けるのである。

一〇章　仲　間

シチメンチョウのひなといっしょに孵《かえ》り、シチメンチョウの家族とあまりにも親密に結びついてしまったためにカモの作法を知らずに育った一羽の子ガモが、けっして水に入らず、洗いたてのこざっぱりした姿で水から上がってくるほかの子ガモを嫌そうに避けていたのを、今もありありと思いだす。

それからまもなく私のもとに一羽の幼いカモのひなが届けられた。そのひなは私のあとをどこへでもついて歩いた。私が座ると、私の足に頭をのせた。このひなはときどき黒いダックスフントのあとをついていくことがあったので、このひなをひきつけているのは私の長靴ではないかと考えた。このことから私は、ひなが動く黒い物体を母親代わりにしているのだと推論し、失われた家族との絆を取り戻させようと、ひなをその母親の巣のそばに置いた。

今では私は、それがうまくいったかどうか疑わしいと思うようになった。というのは、孵卵器《ふらんき》で孵したハイイロガンのひながすすんで自種の仲間に加わるようにしてやるには、孵卵器から出したらすぐポケットにかくしたまま、ガンの家族の中に送りこんでやらねばならないということを知ったからだ。ひなは少しでも人間社会にいたら、自種の社会を拒否するようになるのである。

これらの例はいずれも、知覚像の取り違えであって、とりわけ鳥の環世界でよく見られる。鳥の知覚像についてのわれわれの知識はまだ十分ではないので、ここで信頼できる結論を出すことはできない。

図20〔七〇頁〕で私たちはキリギリスを狩るコクマルガラスを見た。そこでは、コクマルガラスはじっと動かないキリギリスに対してはまったく知覚像をもたず、したがってコクマルガラスの環世界にはそれは存在しないという印象を受けた。

コクマルガラスの知覚像についてのもう一つの例を図40のaとbに示した。ここに登場するのは、コクマルガラスを口にくわえて運んでいるネコに対して攻撃姿勢をとっているコクマルガラスである。獲物をくわえていないネコがコクマルガラスに攻撃されることはけっしてない。ネコがコクマルガラスの攻撃対象になるのは、歯の間に獲物があって、ネコの危険な歯が戦闘能力を奪われている場合に限られている。

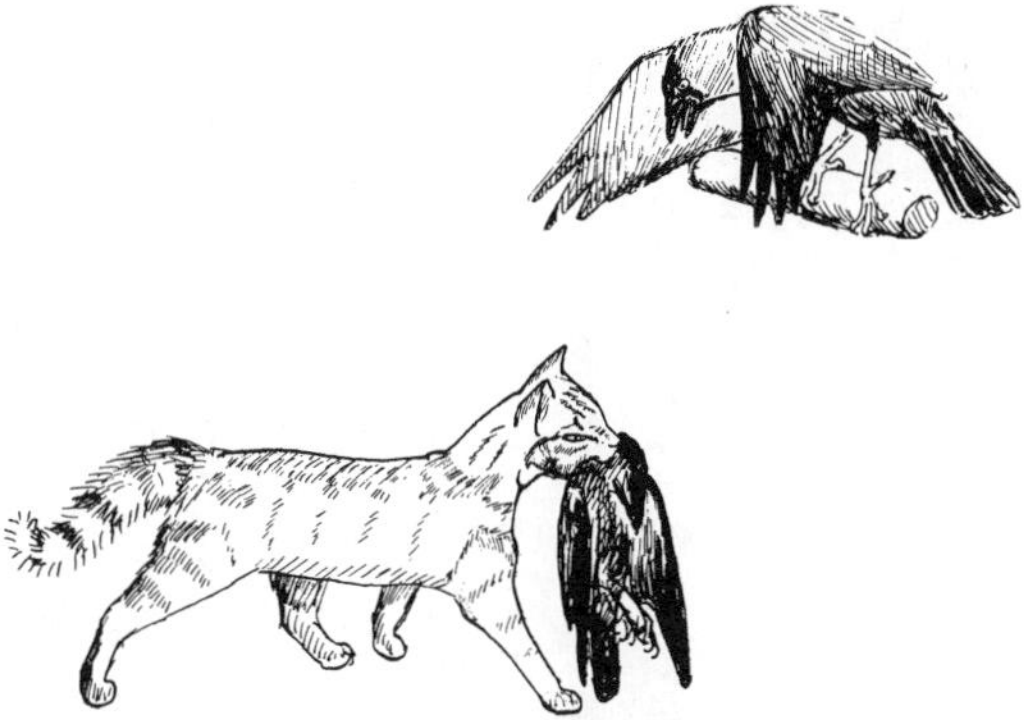

図 40a ネコに対して攻撃姿勢をとるコクマルガラス

図 40b 水泳パンツに対して攻撃姿勢をとるコクマルガラス

これはコクマルガラスのたいへん合目的的な行動であるように見える。しかし実際は、コクマルガラスのなんらかの洞察とはまったく無関係に進行するよく設計された反応にすぎない。というのは、黒い水泳パンツをぶらさげたときにも、コクマルガラスは同じ攻撃姿勢をとったからである。もし、ネコが白いコクマルガラスをくわえて通ったとしたら攻撃されなかっただろう。目の前を運ばれていく黒い物体という知覚像が即座に攻撃姿勢を解発するのである。

このようにおおまかにとらえられた知覚像がつねに取り違えの原因になりうることは、すでにウニで確かめられたとおりである。ウニの環世界では船や雲はいつも敵である魚と取り違えられる。なぜなら水平線が暗くなるたびにウニは同じ反応を示すからである。だが、鳥の場合にはこれほど簡単な説明ではすまされない。

集団で生活する鳥には、知覚像の取り違えがもとでおこる矛盾した出来事が多々見られる。やっと最近、「チョック」という名の飼い馴らされたコクマルガラスの一つの典型的な事例から、重要な視点が明らかにされた。

集団で暮らすコクマルガラスは生涯にわたって「仲間(Kumpan)」をもち、その仲間とさまざまな行動をともにする。コクマルガラスは一羽だけで育てられても、けっして仲間をつくることをあきらめない。それればかりか、同種の仲間が見つからないと、「代理仲間」をつくる。しかもそれぞれのあらたな活動にあらたな代理仲間をつくり得るのである。ローレンツは、(1)この仲間関係を一目で示す図41a—dを私に送ってくれた。

コクマルガラスのチョックは幼いころローレンツ自身を「母親という仲間(Mutter-kumpan)」と見なしていた。チョックはどこへでも彼のあとをついて歩き、餌をねだった(図41a)。自分で食物を摂ることを覚えると、今度はお手伝いさんを「愛の仲間(Liebeskumpan)」に選び、彼女の前で独特の求愛ダンスを踊った(図41b)。その後、チョックは若いコクマルガラスを見つけて養子にあたる仲間にし、みずからそのカラスに餌を与えた(図41c)。チョックは少し遠出をしようとしたとき、コクマルガラス流のやりかたでローレンツをいっしょに飛ばせようと、彼の背中のすぐうしろから急上昇するように飛んだ。これは成功しなかったので、飛んでいるズキンガラスたちに加わり、彼らがチョックの飛行仲間になった(図41d)。

これらの事実からわかるように、コクマルガラスの環世界には仲間というものの一貫した知覚像は存在しないし、仲間の役割がたえず変わっていくことから見ても、それはとうていありえない。

図 41a-d コクマルガラスのチョックと 4 種類の仲間

たいていの場合、母親という仲間の知覚像がどのような形や色のものであるかは、生まれたときには確定していないようである。むしろその知覚像は母親の声であることが多い。

ローレンツはこう書いている。「母親という仲間の個々の場合について、母親の記号のどれが生得的なものでどれが個々に獲得されるものであるかを明らかにしなくてはなるまい。とんでもないことに、獲得された母親の記号は、生後数日いや数時間(ハイイロガンの例、Heinroth参照)後にはしっかり刻みこまれている。このため、この段階でこどもを母親から引き離した場合には、われわれはその記号が生得的なものだと確信してしまうにちがいない」。

愛の仲間を選ぶ際にも同じことがおこる。この場合も、最初の取り違えがおこると、代理仲間として獲得された記号がしっかり刻みこまれてしまうので、もはや取り違えようのない代理仲間の知覚像が生じるのである。その結果、同種の動物すら愛の仲間として受け入れられないことになる。

これはあるたいへんおかしな出来事によって明らかになる。アムステルダム動物園に若いサンカノゴイの番《つがい》がいたが、雄はこの動物園の園長に「恋して」しまっていた。園長は彼らの交尾を妨げないように、しばらく姿を隠した。これが功を奏して、雄はうまく雌になじみ、結婚は順調に運んだ。雌が卵を抱きはじめたので、園長は思いきって彼らの前にふたたび姿を見せることにした。すると、なんとしたことか！　この雄は昔の愛の仲間を見つけるやいなや、巣から雌を追い出し、園長に何度もおじぎをした。それは、彼にしかるべき場所について抱卵《ほうらん》の仕事を続けてほしいと言っているように見えた。

「こどもという仲間(Kindkumpan)」の知覚像は、たいていはもっとはっきりしているようである。おそらくひなの大きく開かれた口が重要な役目を果たしているのだろう。しかしこの場合にも、オーピントン種のような改良の進んだニワトリの品種では、めんどりが子ネコや子ウサギの世話をする例が知られている。

代理の野外飛行仲間もまた、「チョック」の場合に見られるように、かなり広い範囲に保たれている。

目の前にぶらさげられた水泳パンツがコクマルガラスにとって攻撃できる敵になること、つまり「敵(Feind)」という作用トーンをもつこと、を考えると、ここでは代理敵というものが問題なのだといえよう。コクマルガラスの環世界にはたくさんの敵がいるので、代理敵が現れても、それが一度だけならなおのこと、本物の敵の知覚像にはなんの影響も与えない。だが、仲間の場合はちがう。仲間というものは環世界に一度しか存在しない。それで、ある代理仲間に作用トーンが付与されてしまうと、それよりのちに本物の仲間が現れることはもはや不可能になるにちがいない。「チョック」の環世界ではお手伝いさんの知覚像が独占的な「愛のトーン」をもってしまったので、その後ほかのあらゆる知覚像は働かなくなってしまったのである。

コクマルガラスの環世界では、あらゆる生物すなわち動く物体がコクマルガラスとコクマルガラスでないものとに分かれており、しかも各個体の経験しだいでその境界が異なっている(原始人でも似たことがないではない)と想像すれば、今述べたような、ひじょうに奇妙な誤りがおこることも理解できよう。そのとき相手がコクマルガラスであるかそうでないかということについて、決定的役割を果たすのは知覚像だけではなく、自分の立場での作用像もまた重要なのである。どの知覚像がそのときの仲間のトーンをもっているのかをきめるのは、この作用像だけなのである。

(1)　コンラート・ローレンツ(Konrad Lorenz, 1903-1989)著名な動物行動学者。

一一章　探索像と探索トーン

ふたたび私は二つの個人的な経験を述べることからこの章をはじめようと思う。環世界にとって重要な要素である探索像(Suchbild)によってなにがわかるかを説明するのに、それがいちばんいい方法だと思われるからだ。ある友人の家にしばらく滞在したときのことである。毎日昼食のときに私の席の前には私のための陶器の水差しが置かれていた。ある日、召使いがこの陶器の壺《つぼ》を壊してしまったため、代わりにガラスのデカンタが置かれていた。食事のとき私

図 42 探索像が知覚像を破壊する

は水差しを探したが、ガラスのデカンタは目に入らなかった。友人に、水ならいつものところにあるじゃないかと指摘されてはじめて、皿やナイフの上に散らばっていたさまざまな光が突然大気の中を突進して一つになり、ガラスのデカンタを築きあげたのだった。この経験は図42のように表せよう。探索像は知覚像を破壊するのである。

第二の経験は次のようなものである。ある日私は一軒の店に入り、そこで多額の代金を支払わねばならなかったので、一〇〇マルク札を一枚出した。それは真新しい紙幣で、軽く折ってあったので、カウンターの上に平らにならずに、立ったままであった。私が店員におつりをくれと言うと、彼女はあなたはまだ払っていないと言う。お金は目の前にあると言ってみても無駄だった。彼女は怒って、すぐに支払えと言い張った。そこで、私が人指し指でお札に触れると、お札は倒れて、ふつうの状態になった。店員は小さな叫び声をあげてお札をとり、それがふたたび空中に溶けてなくなるのではないかと、心配そうにそれに触れた。この場合も、明らかに探索像が知覚像のスイッチを切っていたのである。

たぶん読者も、こういう魔法にかかったような経験をしたことがあるのではないだろうか。

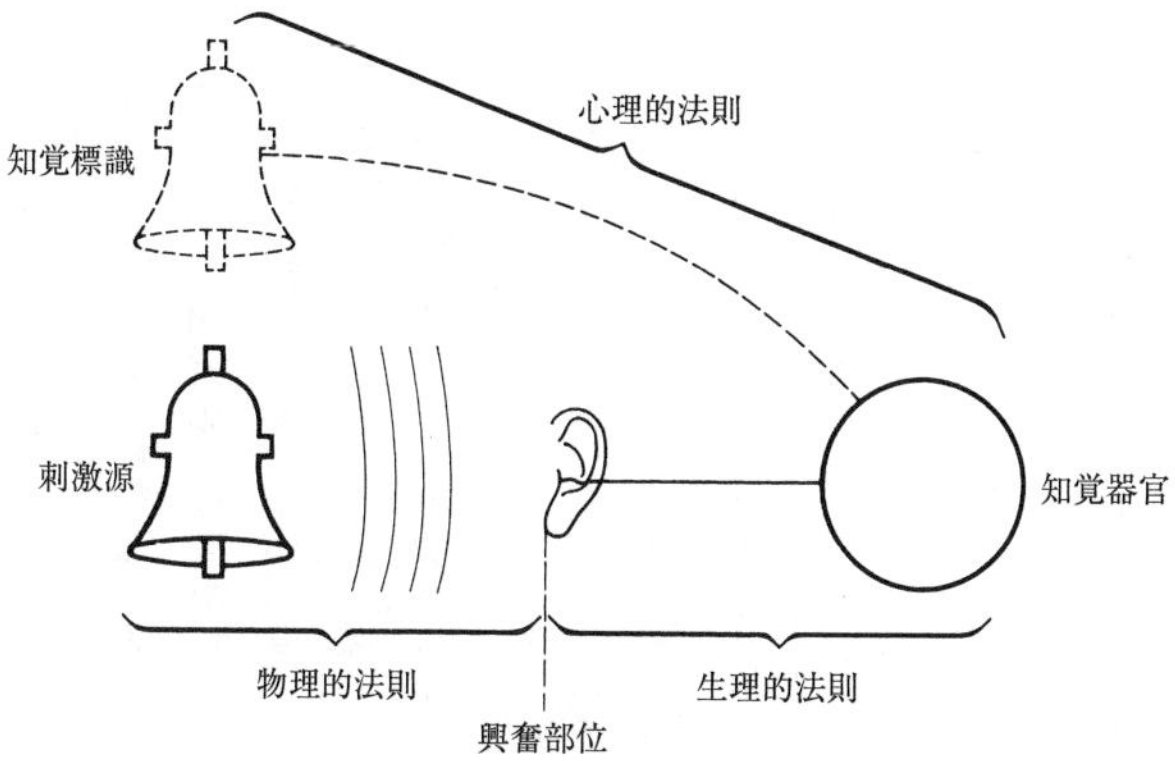

図 43 知覚する際におこること

拙著『生命論』(1)で発表した図を図43に再録した。これは、ある人間がものごとを知覚する際に、相互に密接に関連しあうさまざまな事象を説明したものである。ある人の前に鐘を置いて、それを鳴らすと、それはその人の環境に刺激源として登場し、そこから空気の波がその耳に達する(物理的過程)。耳の中で空気の波が神経の興奮に変えられ、それが脳の知覚器官を刺激する(生理的過程)。すると鐘の知覚記号によって知覚細胞が働き、一つの知覚標識を環世界に移す(心理的過程)。

空気の波が耳にぶつかるのとならんでエーテル波も目に向かって進み、その結果、同じように目が知覚器官に興奮を送ると、鐘の音と色の知覚記号はある図式によって一つのまとまった形になり、それが環世界に移されて知覚像になる。同じような図解は探索像の説明にも利用できる。この場合、鐘は視野の外にあるものとする。音の知覚記号は簡単に環世界に移される。しかしそれと結びついて、目に見えない一つの視覚的知覚像があり、それが探索像として働く。探索の中で鐘が視野に入ってくると、ここで生じる知覚像とその探索像が一つになる。だが両者があまりにかけ離れている場合は、前述の例からわかるように、探索像が知覚像を閉めだすこともおこりうるのである。

イヌの環世界にはひじょうに明確な探索像がある。主人が飼いイヌにステッキをとってこいというとき、イヌは、図44のaとbに示したように、ひじょうに明確なステッキの探索像をもっている。この場合にも、探索像が知覚像といかに正確に対応しているかを探る機会が与えられている。

ヒキガエルについて次のような報告がある。長い間空腹だったあとミミズを食べたヒキガエルは、ある程度形の似ているマッチ棒に即座に跳びかかる。このことから、このヒキガエルには今しがた食べたばかりのミミズが探索像として役立っていると考えてよかろう。これは図45に描かれている。

図 44a(上), b(下) イヌと探索像

図 45 ヒキガエルの探索像

これとは反対に、このヒキガエルが最初クモで空腹を満たすと、別の探索像をもつことになる。今度は、コケのかけらやアリに食いつこうとするからである。もちろん、これはヒキガエルにとってたいへん不都合なことである。

ところで、われわれはいつも、ただ一つの知覚像をもったなんらかの対象物を探しているのではけっしてなく、ある特定の作用像に対応する対象物を探すことのほうがはるかに多い。たいていの場合、われわれはきまった椅子を探すのではなく、なにか座るためのもの、つまり、特定の行為トーンと結びつきうるものを探す。ここで論じうるのは探索像ではなく探索トーン(Suchton)である。

動物の環世界において探索トーンの果たしている役割がいかに大きいかは、前述のヤドカリとイソギンチャクの例〔八九頁図28参照〕を見ればよくわかる。あのときヤドカリの異なる気分と呼んだものは、ここではより厳密に、異なる探索トーンと呼ぶことができる。ヤドカリは探索トーンをもって同じ知覚像に歩みより、ついでそれに対してときには保護のトーンを、ときには住居のトーンを、またときには食物のトーンを与えた。

空腹なヒキガエルは最初はただおおまかな摂食のトーンをもって食物探しに歩きまわる。ミミズかクモを食べたのちにはじめて、そこに一定の探索像が加わるのである。

(1)　*Die Lebenslehre*, Potsdam, 1930.

一二章　魔術的環世界

われわれ人間が動物たちのまわりに広がっていると思っている環境(Umgebung)と、動物自身がつくりあげ彼らの知覚物で埋めつくされた環世界(Umwelt)との間に、あらゆる点で根本的な対立があることは明らかである。これまでのところでは、原則として環世界とは外部刺激によってよびおこされた知覚記号の産物だとされていた。しかし、探索像なるものや、なじみの道をたどること、そして故郷《ハイマート》を限定するということは、すでにこの原則の例外であった。それらはいかなる外的刺激にも帰することのできない、自由な主観的産物なのだ。

これらの主観的産物は、主体の個人的体験が繰り返されるにつれて形成されていくものである。

さらに進むとわれわれは、たいへん強力だが主体にしか見えない現象が現れるような環世界に足を踏み入れることになる。それらの現象はいかなる経験とも関係がないか、あるいはせいぜい一度の体験にしか結びついていない。このような環境世界を魔術的(magische)環境世界と呼ぼう。

たくさんのこどもたちがどれほど深く魔術的環境世界に生きているかは、次の例からよくわかる。

フロベニウス[1]はその著書『パイデウマ(教育される者)』の中で、ある少女についてこう語っている。その少女は一個のマッチ箱と三本のマッチで、お菓子の家やヘンゼルとグレーテルと悪い魔女のお話をしながら一人で静かに遊んでいたが、突然こう叫んだ。「魔女なんかどこかへ連れていっちゃって！　こんなこわい顔もう見ていられない」。

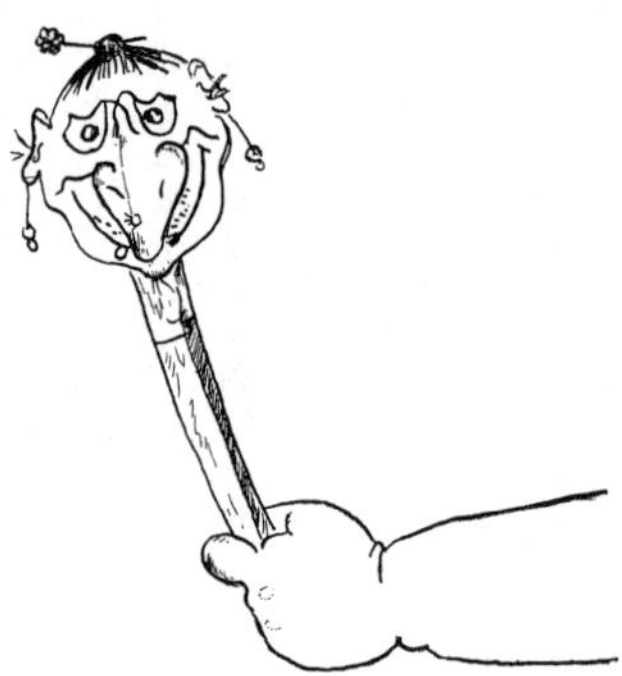
図 46　魔女の魔術的な出現

この典型的に魔術的な体験が図46に示されている。少なくともこの少女の環境世界には悪い魔女がありありと現れていたのである。

このような経験はしばしば、原始的な民族を研究する探検家たちの注意をひいてきた。

原始的な民族は魔術的な世界に生きており、そこでは、彼らの世界の感覚的に与えられた事物に空想的な現象がまぎれこんでいると言われている。

もっと詳細に観察すれば、教養の高いヨーロッパ人の多くの環世界でも、同じような魔術的なイメージに出合うはずである。

動物たちが同様に魔術的環世界に住んでいるかどうかは疑問である。イヌについてはさまざまな魔術的体験がくり返し報告されている。ただし、これまでその主張は十分批判的に検討されてこなかった。とはいえ一般に、イヌはその体験を論理的というよりもむしろ魔術的な性格をおびたやりかたでつなぎあわせていることは、認めねばならないであろう。イヌの環世界では主人の果たす役割はおそらく魔術的に理解されているのであって、原因と結果として分析されているのではないであろう。

鳥の環世界における明らかに魔術的な現象について、ある親しい研究者がこんな話をしてくれた。彼は部屋の中で若いホシムクドリを育ててあげた。この鳥はハエを見る機会がなかったし、ましてや捕まえる機会などなかった。ところが彼の観察によると（図47）、このホシムクドリは突然なにか見えないものに向かって突進し、空中でパクッと食いつくと、それをくわえて自分のとまり木にもどり、ほかのホシムクドリがハエを捕まえた

図 47 ホシムクドリと想像上のハエ

ときにかならずやるようにくちばしでそれをつつき、それからその目に見えないものをごくりと飲みこんだのであった。

このホシムクドリの環世界に想像上のハエの幻影が現れていたことは、まったく疑いの余地はなかった。明らかにその環世界全体には「摂食のトーン」がみなぎっていたので、たとえ感覚刺激が出現しなくとも、いつでも噴出できる状態にあった「ハエを捕らえる」という作用像がむりやり知覚像を出現させ、それが一連の行動を解発したのである。

この経験は、これまではまったく謎めいて見えたさまざまな動物の行動を魔術的に解釈すべきではないかという示唆を与えてくれる。

図48は、すでにファーブルが調べたエンドウゾウムシの幼虫の行動様式を説明したものである。この虫はエンドウ豆がまだ若くて軟らかいうちに時宜よろしく表面まで達するトンネルを掘っておき、成虫のゾウムシに変態した後、その間に堅くなってしまったエンドウ豆から脱出するのにそのトンネルを利用する。問題は、ここには、設計《プラン》としてはじつに見事であるが、ゾウムシの幼虫の立場からすればまったく無意味な行動が関与していることである。なぜなら、将来のゾウムシが受けるであろう感覚刺激がその幼虫に到達するはずはない

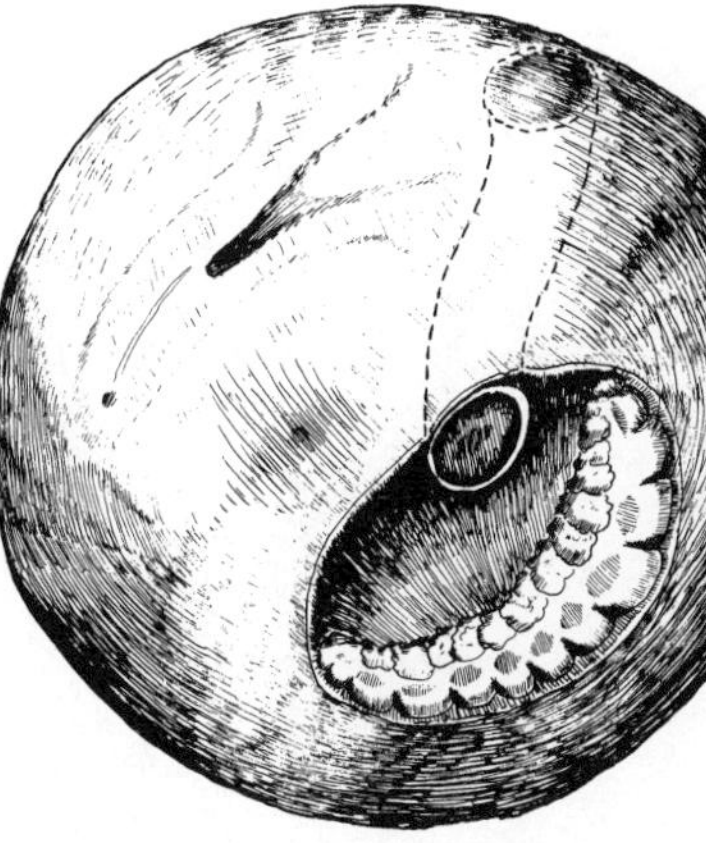

図48 エンドウゾウムシの魔術的な道

からである。まだ一度も通ったことがないが成虫になったあと悲惨な目に遭いたくなければいずれ通らねばならない道を、幼虫に知らせる知覚記号はない。しかしその道は幼虫の前に魔術的なイメージとしてあらかじめ明確に示されている。経験によって獲得されるなじみの道の代わりに、ここでは生得的な道がその位置を占めているのである。

図49と図50は生得的な道の別の二つの例である。オトシブミの雌はカバノキの葉の定まった位置(もしかすると、この虫は味覚によってそれがわかるのかもしれない)からあらかじめ定まった形の弧状の線を葉に切り込みはじめる。この線のおかげでオトシブミは、のちにその葉を袋状に巻くことができ、その中に卵を産めるのである。オトシブミはその道を一度も歩いたことがないし、カバノキの葉には道を示すものはまったく見当たらないのに、その道は魔術的な現象としてこの虫の前にひじょうにはっきりついているにちがいない。

渡り鳥の飛行経路についても同じことがいえる。諸大陸には鳥だけに見える生得的な道がついている。このことはおそらく、親の付き添いなしに旅に出る若鳥にはあてはまるだろうが、その他の鳥では後天的になじみの道を獲得した可能性もないではない。

すでに詳しく検討したなじみの道と同様、生得的な道もまた、視空間の中や作用空間

図 49 オトシブミの魔術的な道

図 50 渡り鳥の魔術的な道

の中を通るのだろう。

両者の唯一の違いは、なじみの道の場合はそれ以前の体験によって確立された一連の知覚記号と作用記号が交代に現れてくるのに対し、生得的な道の場合は同じ一連の記号が魔術的現象としていきなり与えられる点である。

他者の環世界の中のなじみの道は、生得的な道と同様、部外者である観察者にはまったく見えない。自分以外の主体にとってのなじみの道がその環世界に現れるのだとすれば(このことは疑いない)、生得的な道が出現することを否定する理由はない。なぜなら、この現象も同じ要素、すなわち環世界から抽出された知覚記号と作用記号、によって成り立っているのだからである。これらの記号は前者の場合には感覚刺激によってよびおこされたものであり、後者の場合には生得的な鳴き声のように次つぎに想起されるものなのであろう。

ある人間にとってある特定の道が生得的にそなわったものだとすれば、この道はなじみの道と同じように叙述できるであろう。つまり、赤い家まで一〇〇歩進み、そこで右に曲がって……という具合に。

もし感覚的体験によって主体に与えられたものだけが意味をもつというのだとすれば、

図51 魔術的な影

当然なじみの道だけに意味があり、生得的な道には意味がないということになる。だがだからこそ、生得的な道はまさに設計《プラン》どおりのものなのである。

魔術的な現象が動物界でわれわれの想像以上に重要な役目を果たしていることは、ある新進の研究者が報告している不思議な体験からうかがえる。彼はあるめんどりにきまった小舎《こや》で餌を与えていたが、めんどりが穀類をついばんでいる間にその小舎の中にモルモットを一匹放しておいた。めんどりはびっくり仰天して激しくばたばたと逃げまわった。それ以来このめんどりはけっしてその小舎の中で餌を摂ろうとはしなくなった。このめんどりはごちそうのただ中で餓死したかもしれなかった。明らかに、はじめて体験した現象がその小舎の上に魔術的な影となってぶら下がっていたのだ——図51はこれを表したつもりである。めんどりがピョピョ鳴いているひなに走り寄り、架空の敵を激しくつついて追い払うとき、どうやら、めんどりの環世界の中には魔術的な現象が現れているらしいのだ。

環世界の研究に深くかかわればかかわるほど、われわれには客観的現実性があるとはとうてい思えないのに何らかの効力をもついろいろな要素が、環世界の中には現れるのだということを、ますます納得せざるをえなくなっていく。まず場所のモザイクである。これは主体の目が環世界の事物に刻印するものであるから、客観的な環境においては、環世界空間を支える方向平面と同じく、ないに等しい。同様に、客観的な環境には、主体にとってのなじみの道に相当するような要素を見つけることはできなかった。また故郷と猟場の分割ということは、客観的な環境にはない。環世界では重要な要素である探索像は、環境においてはその形跡すらない。そして最後にわれわれは、客観性とは無縁なのに設計どおりに環世界に入りこんでくる生得的な道という魔術的な現象にぶつかった。

したがって、環世界には純粋に主観的な現実がある。しかし環境の客観的現実がそのままの形で環世界に登場することはけっしてない。それはかならず知覚標識か知覚像に変えられ、刺激の中には作用トーンに関するものが何一つ存在しないのにある作用トーンを与えられる。それによってはじめて客観的現実は現実の対象物になるのである。

そして最後に、単純な機能環が教えてくれるように、知覚標識も作用標識も主体の表出であり、機能環が含む客体の諸特性は単にそれらの標識の担い手にすぎないと見なすことができる。

こういうわけで、いずれの主体も主観的現実だけが存在する世界に生きており、環世界自体が主観的現実にほかならない、という結論になる。

主観的現実の存在を否定する者は、自分自身の環世界の基盤を見抜いていないのである。

（1）　レオ・フロベニウス（Leo Frobenius, 1873-1938）民族学者にしてアフリカ学者。

一三章　同じ主体が異なる環世界で客体となる場合

以上の章では、環世界という未知の国でさまざまな方向でおこなわれた個々の踏査《とうさ》を記した。各章は、それぞれの場合において一貫した観察法を得るために、問題ごとにまとめられている。

その際二、三の基本的な問題を扱ったが、とうてい完全なものには至らなかったし、そこまでの努力も払ったわけではない。思索的な把握が待たれている問題が多く、また単なる問題提起以上には進められていないものもある。主体本体がどこまでその環世界に入りこむかについてもわれわれは何も知らない。視空間における自身の影の意味という問題すら、実験的な取組がおこなわれたことはない。

環世界の研究にとって個々の問題の追求はたいへん重要であるが、環世界相互の関係を展望するにはそれではあまりにも不十分である。

ある限られた領域で次のような問題を追求するならば、そのつど次のような展望ができるだろう。つまり、同じ一つの主体が、それが重要な役割を演じている異なった環世界においてて客体としてどのように振舞っているか、という問題である。

カシワの木を例にとろう。この木は多くの動物主体と関わりをもっており、それぞれの環世界で違う役割を果たすようになっている。カシワの木はいろいろな人間の環世界にも登場するので、そこから話をはじめよう。

図52と図53は画家のフランツ・フートによる二枚のスケッチの複製である。

自分の森のどの木がもう伐《き》れるかを判断せねばならない年老いたきこりのきわめて合理的な環世界においては(図52)、斧にかけるべきカシワは材として数クラフター〔一クラフターは約三立方メートル〕のものだけなので、きこりは念入りな測定によってどれにするかを決めようとしている。そのときこりは、たまたま人間の顔に似たこぶのある樹皮にはたいして注意も払わない。つぎの図53に描かれているのは、ある幼い少女の魔術的環世界にある同じカシワの木だ。彼女の森にはまだ地の精《ノーム》や小人《コボルト》が住んでいる。カシワの木が怒った顔で少女を見つめるので、彼女は思わずぎょっとする。カシワの木全体が恐ろしい悪魔になってしまったのだ。

エストニアにある私の従兄弟の屋敷の庭に一本のリンゴの古木があった。その木には

図 52 きこりとカシワ

図 53 少女とカシワ

図54 キツネとカシワ

大きなキノコが生えていて、それがどことなく道化師の顔に似たところがあったが、それまで誰もそのことに気づいていなかった。あるとき、従兄弟は十数人のロシア人の季節労働者を雇い入れた。リンゴの木を見つけた彼らは毎日その木の前に祈りを捧げに集まって、祈りのことばをつぶやき十字を切った。彼らに言わせると、そのキノコは人間の手でつくられたのではないので、まさに奇跡をおこす像にちがいなかった。彼らにとっては、自然界に魔術的な現象がおこるのはまったく当然のことと思われていたのだった。

ともあれ、カシワの木とその住人た

図55 フクロウとカシワ

ちに話をもどそう。カシワの木の根のあいだに巣穴をかまえているキツネ(図54)にとって、カシワの木は自分と家族を悪天候から守ってくれるしっかりした屋根になっている。それは、きこりの環世界における利用のトーンでもなく、幼い少女の環世界における危険のトーンでもなく、たんに保護のトーンをもっているだけである。それ以外にこのカシワの木がどんな姿をしていようと、キツネの環世界では問題にならない。

同様に、フクロウの環世界でもカシワの木は保護のトーンを示している(図55)。ただし今度はそれはカシワの

図56 アリとカシワ

木の根ではなくて(根はフクロウの環世界のまったく外にある)、防壁として役立っているのは力強い枝なのである。

リスに対してはカシワの木は、快適なスプリングボードを提供してくれるその豊かな枝分かれによって登攀《とうはん》のトーンを獲得しており、一方、細い枝に巣をかける小鳥に対しては、巣に必要な支えのトーンを与えている。

これらさまざまな作用トーンに対応して、カシワの木の多数の住人たちの知覚像もさまざまな形をとっている。それぞれの環世界はカシワの木から特定の部分を、すなわちその環世界の機能環の知覚標識の担い手と作用標識の担い手の両方を形作るのに適した特性をもつ部分を、切りとっているのである。アリの環世界(図56)では、山あり谷ありの猟場になるひび割れた樹皮の背後に、カシワの木のほかの部分はすっかり姿を消してしまっている。

図57 カミキリムシとカシワ

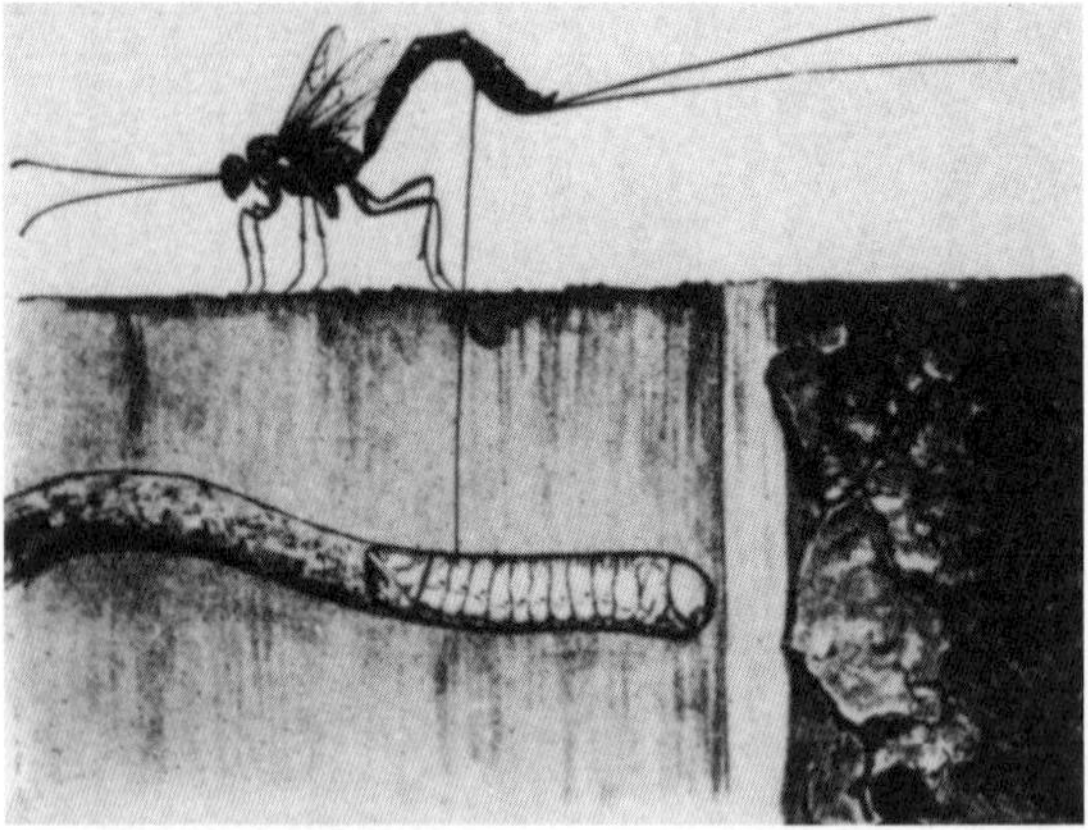

図58 ヒメバチとカシワ

カミキリムシ(図57)はこじ開けた樹皮の下で餌をあさり、ここに卵を産む。その幼虫たちは樹皮の下にトンネルを掘り、そこで外界の危険から守られて、餌の中を食べ進む。とはいえ彼らは、完全に守られているわけではない。なぜなら、強力なくちばしで樹皮を穿《うが》つキツツキが追いかけてくるばかりでなく、(他の動物の環世界においては)とても堅いカシワの材に、細い産卵管をまるでバターに刺すように突き刺して自分の卵を産みこむヒメバチ(図58)も、彼らを亡きものにする。その卵からはヒメバチの幼虫が孵《かえ》り、自分の犠牲者の肉を貪《むさぼ》るのだ。

その居住者たちの何百という多種多様な環世界のすべてにおいて、カシワの木は客体として、ときにはこの部分でときにはあの部分で、きわめて変化に富んだ役割を果たしている。同じ部分があるときには大きく、またあるときには小さい。その材はあるときは堅く、あるときはやわらかい。あるときには保護に役立ち、あるときには攻撃に役立つのである。

カシワの木が客体として示す相矛盾する特性を全部まとめようとするなら、そこからは混沌しか生まれてこないであろう。とはいえ、それらの特性はすべて、環世界という ものを担い守っている一つの主体の部分部分にすぎない。これらの環世界の主体たちは、いずれもそれらの特性を認識することはないし、そもそも認識しえないのである。

一四章　結　び

われわれがカシワの木でかいま見たことは、自然界の生命の木では広くおこっていることである。

何百万という目がまわりそうな数の環世界の中から、自然の研究に捧げられている環世界、すなわち自然研究者の環世界だけを取り出してみよう。

図59はいちばん簡単に表せる天文学者の環世界である。地球からできるだけ遠く離れた高い塔の上に、巨大な光学的補助具によってその目を宇宙の最も遠い星まで見通せるように変えてしまった一人の人間が座っている。彼の環世界では太陽と惑星が荘重な足どりでまわっている。その環世界空間を通りぬけるには、足の速い光でさえ何百万年もかかる。

しかしこの環世界全体は、人間主体の能力に応じて切りとられた、自然のほんの小さな一こまにすぎない。

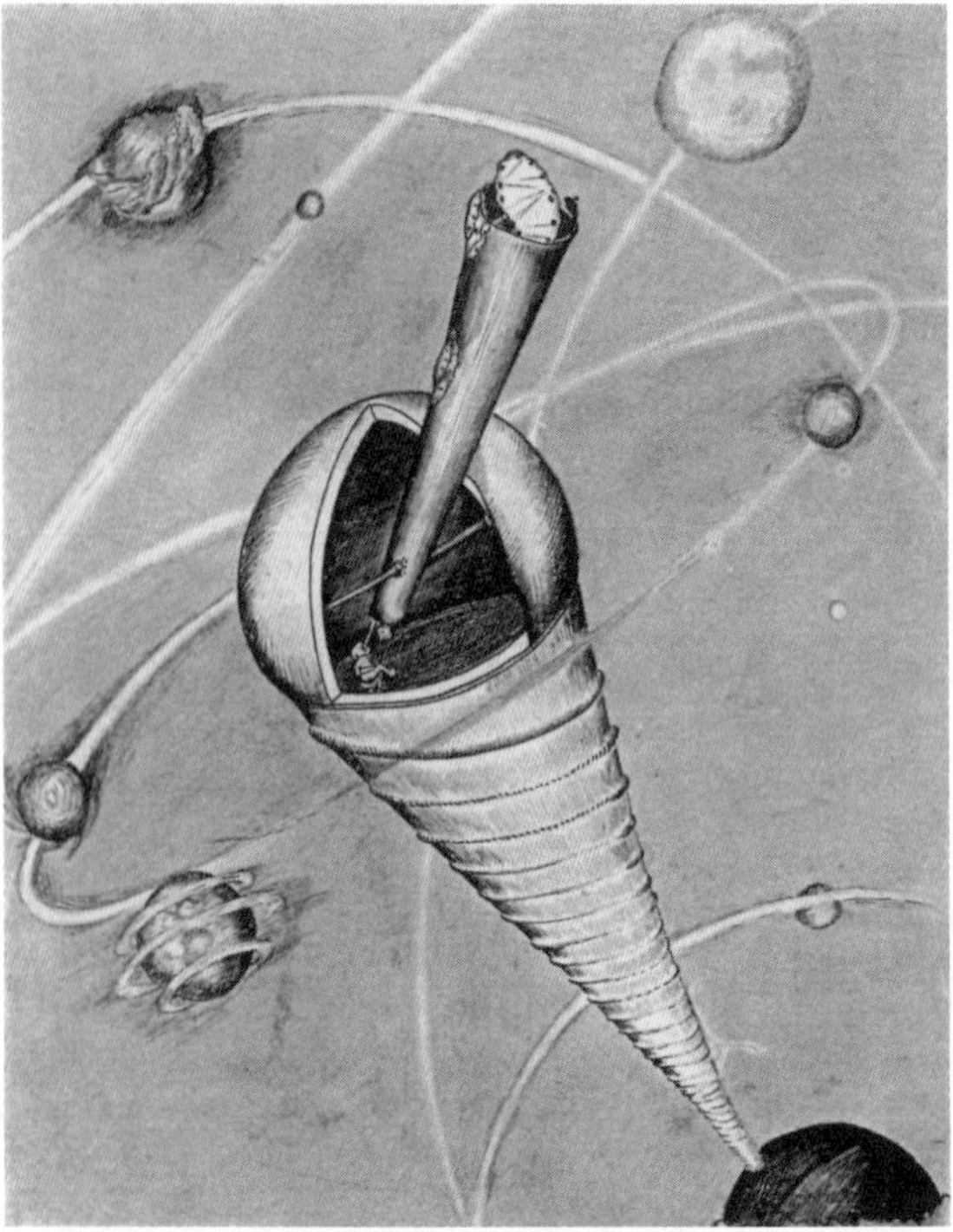

図 59 天文学者の環世界

天文学者像をわずかに変更すると、深海研究者の環世界のイメージを描くことができる。ただし、深海研究者のカプセルの回りをまわるのは星座ではなくて、不気味な口と長い髭、放射状の発光器官をそなえた深海魚の幻想的な姿である。ここでもやはりわれわれは、自然の小さな一こまを再現した現実の世界に目を向けているのだ。

自然界の物質言語の謎めいた相互関係を元素という九二個の文字群の助けを借りて読み解こうとする化学者の環世界は、具体的に描写するのが難しい。むしろ、原子物理学者の環世界を表すほうがうまくいく。なぜなら、星座が天文学者の回りをまわっているのと同様に、電子が原子物理学者の回りをまわっているからだ。ただここで支配しているのは世界の静寂ではなく、素粒子の狂ったようなせわしさである。物理学者はこれらの素粒子を元にして、極小の弾丸による射撃で爆発を企てようとしているのだ。

別の物理学者がその環世界でエーテル波を研究する場合は、波の像を作りだしてくれるようなまったく別の補助手段を利用する。こうして彼は、われわれの目を刺激する光波が、他の波となんの違いも示さず、他の波とつながりあうことを確認できる。それはまさに波であってそれ以上のものではないのである。

感覚生理学者の環世界では、光波はまったく別の役割を演じている。この場合は光波はそれ独自の法則をもつ色になる。赤と緑が合わさると白になり、黄色の上にできる影は青になる。この現象は波とは信じがたいが、色とはエーテル波とまさにまったく同様に波なのである。

同じような対立は、音波研究者の環世界と音楽研究者の環世界とにも見られる。一方の環世界では単に波が存在するだけであり、他方では単に音があるだけである。だが実際にはどちらも同じものなのだ。

このような例はいくらでもある。行動主義心理学者の見る自然という環世界においては肉体が精神を生み、心理学者の世界では精神が肉体をつくる。

自然研究者のさまざまな環世界で自然が客体として果たしている役割は、きわめて矛盾に満ちている。それらの客観的な特性をまとめてみようとしたら、生まれるのは混沌ばかりだろう。とはいえこの多様な環世界はすべて、あらゆる環世界に対して永遠に閉ざされたままのある一つのものによって育まれ、支えられている。そのあるものによって生みだされたその世界すべての背後に、永遠に認識されえないままに隠されているのは、自然という主体なのである。

訳者あとがき

これはJakob von Uexküll/Georg Kriszat, *Streifzüge durch die Umwelten von Tieren und Menschen*, 1934; 1970（『動物と人間の環世界への散歩』）の新しい全訳である。翻訳の底本にはS・フィッシャー社の「人間の条件（Conditio humana）」叢書に再録された一九七〇年版を用いたが、今回の訳出にあたっては、北海道大学附属図書館が所蔵する、ベルリンのJ・シュプリンガー社刊行の一九三四年版を参照した。この二つの版では図版やその扱いに若干のちがいがあったが、訳者が判断して、より適当と思われるものを採用した。また、無題の序章には「環境と環世界」という章題をつけた。

ベルリンの一九三四年版は、「わかりやすい科学（Verständliche Wissenschaft）」叢書の一冊として、「見えない世界の絵本（Ein Bilderbuch unsichtbarer Welten）」という副題つきで出版されている。この副題のとおり、ゲオルク・クリサート他によるおもしろい絵が、ユクスキュルの本文と一体になっている。

著者のヤーコプ・フォン・ユクスキュルは、一八六四年九月八日、エストニアのケブラス荘園(ドイツ語でGut Keblas、今のパルヌ州ミヒクリ[Mihkli]村)に生まれた。ドルパット(現在タルト)大学で動物学を修めたのち、ハイデルベルク大学のキューネ(Wilhelm Kühne)のもとで動物比較生理学の研究をした。環世界という発想はこの中で生まれた。

けれど、この発想が「科学的」でないと思われたためか、一九〇〇年のキューネの死後は大学との関係が断たれ、ユクスキュルはフリーの身として研究をつづけることになる。一九〇七年、ハンブルク大学から学位を贈られたが教職は与えられず、やっと一九二六年、彼が六二歳のとき、ハンブルク大学に半ば私的につくられたような「環世界研究所(Institut für Umweltforschung)」の名誉教授に招かれ、多くの若い同好の士とともに一〇年間ほど華々しく研究を展開した。その後ユクスキュルの見解は世の中に大きな影響を与えるようになり、いくつかの大学から名誉博士の称号も贈られたが、一九四四年七月二五日、イタリアのカプリ島で死去。八〇年の波瀾の人生であった。

この本の絵を受け持ったゲオルク・クリサートは、一九〇六年、ペテルブルク生まれ。生物学、化学を学んだのち、一九二九年から一九三五年まで、ユクスキュルとともに環世界研究所で研究。ユクスキュルの死後は、スウェーデンの研究所で細胞生理学の研究にたずさわったという。

ぼくがこの本に出会ったのは、何と今からもう六〇年も前、戦時中の学徒動員で働いていたある工場の休憩室でだった。戦争中の工場としてはふしぎなことに、その部屋には本が何十冊か置いてあった。それを手にとって見ているうちに、ドイツのユクスキュルという人の生物の本の邦訳が目に入った。

昆虫が好きだったぼくは思わず手にとって開いてみた。戦時中のうすい粗末な紙だったが、何だかおもしろそうな絵がついている。ついひきこまれてしまってページを繰っていった。そのときぼくは中学二年生。説明はとてもむずかしかったが、とにかく動物には世界がどう見えているのかということではなくて、彼らが世界をどう見ているかを述べていることはわかった。

本の中で述べられていた「環境世界」というものがじつに新鮮なものに感じられて、その後ずっとぼくの心に残ることになった。

それから何年も経って大学も卒業するころ、日本でも生態学と環境の時代が始まった。

ぼくらは生態学とは何か、環境とは何かを論じあった。そんなとき、ぼくはいつもユクスキュルの「環境世界」のことを話し、生物学の立場では環境をそのように考えねばならないのではないかという意見を述べた。

けれど当時の反応は冷たかった。それは主観的なものだ。科学は主観など扱わない。だから問題になるのはそういう主観的な「世界」ではなくて、客観的な「環境」だ――だいたい、こういうぐあいだったのである。

けれど動物行動学の仕事にたずさわるようになってみると、環境ももちろん大切だが、その中から動物たちが自分にとって意味のあるものとして撰びだし、それによってつくりあげている環境世界のほうが、動物たち自身にとってもっと重要なものであることがますますよくわかってきた。コンラート・ローレンツも示しているとおり、それを考えずには動物の行動は理解できないのである。

それは主体と客体、主観と客観という、認識における重要問題とも関わっていて、いやが上にもぼくの興味をそそるものであった。そしてユクスキュルの思想への関心が時代とともにますます高まっていることは、今やいうまでもなく明らかであった。

そこでぼくは、当時思索社の垂水雄二、藤本時男両氏の薦めにしたがい、野田保之氏とともにこの本の翻訳を手がけることにした。そのときわかったのは、かつて中学生のぼくが工場の休憩室で出会って感動したのは、その年に出版された神波比良夫氏訳の『生物から見た世界』と題された邦訳本(畝傍書房)であったということである。その年とは昭和一七年、つまり一九四二年。原著が出版されてから一〇年も経っていない。当時日本の同盟国であったドイツの本とはいえ、戦時中の日本でよくこんな本が翻訳出版されたものだと驚くほかはない。教えて下さった故奥井一満氏に深く感謝している。

『生物から見た世界』というタイトルは神波氏の苦心の作と思われるので、思索社版(一九七三年刊。「意味の理論」も収録)でもこの新訳でも、そのまま踏襲させていただくことにした。「環世界論」などとするよりは、内容を察知しやすいだろうからである。ユクスキュルには申し訳ないような気もするが……

そのようなことを思いだしながら、多くの翻訳を手がけている羽田節子氏とこの本の新訳にかかってみると、ユクスキュルの言っていることの重要性があらためてよく見えてくる。

客観的に記述されうる環境(英語のenvironment、ドイツ語でこれに相当する語はUmgebung)というものはあるかもしれないが、その中にいるそれぞれの主体にとってみれば、そこに「現実に」存在しているのは、その主体が主観的につくりあげた世界なのであり、客観的な「環境」ではないのである。

それぞれの主体が環境の中の諸物に意味を与えて構築している世界のことを、ユクスキュルは Umwelt と呼んだ。それは客観的な「環境(Umgebung)」とはまったく異なるものである。

じつはドイツ語では昔から、客観的な「環境」のことを Umwelt といっている。いわゆる環境問題は Umweltprobleme である。その一方、英語にはユクスキュルのいう Umwelt に相当する語はない。

ドイツのいくつかのドイツ語語源辞典や哲学史辞典を見てみると、Umwelt ということばは、ドイツ語を使うデンマークの詩人バッゲセン(J. Baggesen)が、身のまわりの環境を意味するものとして一八〇〇年に造語したものらしい。その後この Umwelt という語はフランス語のミリュー(milieu、やはり同じような意味での環境)の訳語として使われたり、いろいろな人々によってさまざまに定義づけられたりしてきた。しかし Umwelt に明確な概念を与え、新しい認識を打ち立てたのはユクスキュルである。

この Umwelt は日本語としては従来「環境世界」と訳されてきたが、この書を読めばわかるとおり、環境とUmweltとは対立するものとユクスキュルはとらえている。そこでぼくは、環境という語を含む「環境世界」はUmweltの訳語としては適切ではないと思い、「環世界」という語に変えることにした。

人々が「良い環境」を築こうと願っている現在、このことはきわめて重要である。「環境」はある主体のまわりに単に存在しているもの(*Umgebung*)であるが、「環世界」はそれとは異なって、その主体が意味を与えて構築した世界(*Umwelt*)なのだからである。

「環世界」というユクスキュルのこの認識は、「環境」ということばが乱れ飛んでいる現在、ますます今日的な、そしてきわめて重要な意味をもつに至っている。人々が「良い環境」というとき、それはじつは「良い環世界」のことを意味している。環世界である以上、それは主体なしには存在しえない。それがいかなる主体にとっての環世界なのか、それがつねに問題なのである。

ユクスキュルのこの本は、一九三三年に書かれたものである。したがって、たとえば何か所かに出てくる「エーテル波」とか昆虫の複眼の機能についての解釈などのように、ずいぶん古いことも書かれているが、とくに注釈は加えなかった。

独自の新しい概念が次々に展開されるユクスキュルのこの著書の中で、前々から訳語に困っていたのが Richtungsschritte ということばであった。これは一章の二九頁にあるように、空間における方向運動の道筋の長さを測る尺度として提案されているものであって、Schritt とは本来、人間が歩くときの「歩幅」(1 Schritt は約七〇センチ)を意味している。しかし本書で用いられているのは複数形の Schritte であり、しかも歩くこととは関係ない場合が大部分である。「歩幅」と訳せば誤解を生むし、思索社版で用いた「歩度」では歩くテンポの意味も含んでしまうし、「歩程」もまた難がある。悩みに悩んでいたら、岩波書店の校正担当者が、空間における移動の大きさの尺度を示すものだからというので、「歩尺」という訳語を提案してくれた。共訳者羽田ともども、これはきわめて適切だと感心したので、このことばを使わせていただくことにした。

この新訳にあたってお世話になった方々、とくに総合地球環境学研究所の安部浩氏と岩波書店の方々に心からお礼を申し上げたい。

二〇〇五年五月

日高敏隆

生物《せいぶつ》から見《み》た世界《せかい》

ユクスキュル/クリサート著

2005年6月16日　第1刷発行
2025年8月25日　第39刷発行

訳　者　日高敏隆《ひだかとしたか》　羽田節子《はねだせつこ》

発行者　坂本政謙

発行所　株式会社 岩波書店
〒101-8002 東京都千代田区一ツ橋 2-5-5

案内 03-5210-4000　営業部 03-5210-4111
文庫編集部 03-5210-4051
https://www.iwanami.co.jp/

印刷・精興社　製本・牧製本

ISBN 978-4-00-339431-1　Printed in Japan

読書子に寄す

——岩波文庫発刊に際して——

岩波茂雄

真理は万人によって求められることを自ら欲し、芸術は万人によって愛されることを自ら望む。かつては民を愚昧ならしめるために学芸が最も狭き堂宇に閉鎖されたことがあった。今や知識と美とを特権階級の独占より奪い返すことはつねに進取的なる民衆の切実なる要求である。岩波文庫はこの要求に応じそれに励まされて生まれた。それは生命ある不朽の書を少数者の書斎と研究室とより解放して街頭にくまなく立たしめ民衆に伍せしめるであろう。近時大量生産予約出版の流行を見る。その広告宣伝の狂態はしばらくおくも、後代にのこすと誇称する全集がその編集に万全の用意をなしたるか。千古の典籍の翻訳企図に敬虔の態度を欠かざりしか。さらに分売を許さず読者を繫縛して数十冊を強うるがごとき、はたしてその揚言する学芸解放のゆえんなりや。吾人は天下の名士の声に和してこれを推挙するに躊躇するものである。このときにあたって、岩波書店は自己の責務のいよいよ重大なるを思い、従来の方針の徹底を期するため、すでに十数年以前より志して来た計画を慎重審議この際断然実行することにした。吾人は範をかのレクラム文庫にとり、古今東西にわたって文芸・哲学・社会科学・自然科学等種類のいかんを問わず、いやしくも万人の必読すべき真に古典的価値ある書をきわめて簡易なる形式において逐次刊行し、あらゆる人間に須要なる生活向上の資料、生活批判の原理を提供せんと欲する。この文庫は予約出版の方法を排したるがゆえに、読者は自己の欲する時に自己の欲する書物を各個に自由に選択することができる。携帯に便にして価格の低きを最主とするがゆえに、外観を顧みざるも内容に至っては厳選最も力を尽くし、従来の岩波出版物の特色をますます発揮せしめようとする。この計画たるや世間の一時の投機的なるものと異なり、永遠の事業として吾人は微力を傾倒し、あらゆる犠牲を忍んで今後永久に継続発展せしめ、もって文庫の使命を遺憾なく果たさしめることを期する。芸術を愛し知識を求むる士の自ら進んでこの挙に参加し、希望と忠言とを寄せられることは吾人の熱望するところである。その性質上経済的には最も困難多きこの事業にあえて当たらんとする吾人の志を諒として、その達成のため世の読書子とのうるわしき共同を期待する。

昭和二年七月

《法律・政治》〔白〕

人権宣言集　高木八尺・末延三次・宮沢俊義 編
新版 世界憲法集 第二版　高橋和之 編
君主論　マキアヴェッリ　河島英昭 訳
フィレンツェ史 全二冊　マキアヴェッリ　齊藤寛海 訳
リヴァイアサン 全四冊　ホッブズ　水田洋 訳
ビヒモス　ホッブズ　山田園子 訳
法の精神 全三冊　モンテスキュー　野田良之・稲本洋之助・上原行雄・田中治男・三辺博之・横田地弘 訳
完訳 統治二論　ジョン・ロック　加藤節 訳
寛容についての手紙　ジョン・ロック　加藤節・李静和 訳
キリスト教の合理性　ジョン・ロック　加藤節 訳
ルソー 社会契約論　桑原武夫・前川貞次郎 訳
フランス二月革命の日々 ―トクヴィル回想録　トクヴィル　喜安朗 訳
アメリカのデモクラシー 全四冊　トクヴィル　松本礼二 訳
リンカーン演説集　高木八尺・斎藤光 訳
権利のための闘争　イェーリング　村上淳一 訳
近代人の自由と古代人の自由・征服の精神と簒奪 他一篇　コンスタン　堤林剣・堤林恵 訳
民主主義の本質と価値 他一篇　ハンス・ケルゼン　長尾龍一・植田俊太郎 訳
危機の二十年 ―理想と現実　E・H・カー　原彬久 訳
アメリカの黒人演説集 ―キング・マルコムX・モリスン他　荒このみ 編訳
モーゲンソー 国際政治 ―権力と平和 全三冊　原彬久 監訳
ポリアーキー　ロバート・A・ダール　高畠通敏・前田脩 訳
現代議会主義の精神史的状況 他一篇　カール・シュミット　樋口陽一 訳
政治的なものの概念　カール・シュミット　権左武志 訳
政治的神学 ―主権論四章　カール・シュミット　権左武志 訳
第二次世界大戦外交史 全二冊　芦田均
憲法講話　美濃部達吉
日本国憲法　長谷部恭男 解説
民主体制の崩壊 ―危機・崩壊・再均衡　ファン・リンス　横田正顕 訳
憲法　鵜飼信成

《経済・社会》〔白〕

政治算術　ペティ　大内兵衛・松川七郎 訳
国富論 全四冊　アダム・スミス　水田洋 監訳　杉山忠平 訳
道徳感情論 全二冊　アダム・スミス　水田洋 訳
法学講義　アダム・スミス　水田洋 訳
コモン・センス 他三篇　トーマス・ペイン　小松春雄 訳
経済学における諸定義　マルサス　玉野井芳郎 訳
オウエン自叙伝　ロバアト・オウエン　五島茂 訳
戦争論 全三冊　クラウゼヴィッツ　篠田英雄 訳
自由論　J・S・ミル　関口正司 訳
女性の解放　J・S・ミル　大内兵衛・大内節子 訳
大学教育について　J・S・ミル　竹内一誠 訳
功利主義　J・S・ミル　関口正司 訳
ロンバード街 ―ロンドンの金融市場　バジョット　宇野弘蔵 訳
イギリス国制論 全二冊　バジョット　遠山隆淑 訳
ユダヤ人問題によせて ヘーゲル法哲学批判序説　マルクス　城塚登 訳
経済学・哲学草稿　マルクス　城塚登・田中吉六 訳
新編輯版 ドイツ・イデオロギー　マルクス　エンゲルス　廣松渉 編訳　小林昌人 補訳
マルクス エンゲルス 共産党宣言　大内兵衛・向坂逸郎 訳
賃労働と資本　マルクス　長谷部文雄 訳
賃銀・価格および利潤　マルクス　長谷部文雄 訳

マルクス 経済学批判　武田隆夫・遠藤湘吉・大内力・加藤俊彦 訳
マルクス 資本論 全九冊　エンゲルス編 向坂逸郎訳
裏切られた革命　トロツキー 藤井一行訳
文学と革命 全二冊　トロツキー 桑野隆訳
ロシア革命史 全五冊　トロツキー 藤井一行訳
トロツキー わが生涯 全二冊　森田成也・志田昇 訳
空想より科学へ —社会主義の発展　エンゲルス 大内兵衛訳
帝国主義　レーニン 宇高基輔訳
国家と革命　レーニン 宇高基輔訳
雇用、利子および貨幣の一般理論 全二冊　ケインズ 間宮陽介訳
シュムペーター 経済発展の理論 全二冊　塩野谷祐一・中山伊知郎・東畑精一訳
シュムペーター 経済学史 —学説ならびに方法の諸段階　中山伊知郎・東畑精一訳
日本資本主義分析　山田盛太郎
恐慌論　宇野弘蔵
経済原論　宇野弘蔵
資本主義と市民社会 他十四篇　大塚久雄 齋藤英里編
共同体の基礎理論 他六篇　大塚久雄 小野塚知二編

言論・出版の自由 他一篇 —アレオパジティカ　ミルトン 原田純訳
ユートピアだより　ウィリアム・モリス 川端康雄訳
有閑階級の理論　ヴェブレン 小原敬士訳
社会科学と社会政策にかかわる認識の「客観性」　マックス・ヴェーバー 富永祐治・立野保男訳 折原浩補訳
プロテスタンティズムの倫理と資本主義の精神　マックス・ヴェーバー 大塚久雄訳
職業としての学問　マックス・ヴェーバー 尾高邦雄訳
社会学の根本概念　マックス・ヴェーバー 清水幾太郎訳
職業としての政治　マックス・ヴェーバー 脇圭平訳
古代ユダヤ教 全三冊　マックス・ヴェーバー 内田芳明訳
支配について 全二冊　マックス・ヴェーバー 野口雅弘訳
宗教と資本主義の興隆 歴史的研究 全二冊　トーニー 出口勇蔵・越智武臣訳
世論 全二冊　リップマン 掛川トミ子訳
贈与論 他二篇　マルセル・モース 森山工訳
国民論 他二篇　マルセル・モース 森山工編訳
ヨーロッパの昔話 その形と本質　マックス・リュティ 小澤俊夫訳
独裁と民主政治の社会的起源 —近代世界形成過程における領主と農民 全二冊　バリントン・ムーア 宮崎隆次・森山茂徳・高橋直樹訳
大衆の反逆　オルテガ・イ・ガセット 佐々木孝訳

シャドウ・ワーク　イリイチ 玉野井芳郎・栗原彬訳
女らしさの神話 全二冊　ベティ・フリーダン 荻野美穂訳

《自然科学》〔青〕

ヒポクラテス医学論集　國方栄二編訳
科学と仮説　ポアンカレ 河野伊三郎訳
コペルニクス 天体の回転について　コペルニクス 矢島祐利訳
新科学論議 全二冊　ガリレオ・ガリレイ 田中一郎訳
ロウソクの科学　ファラデー 竹内敬人訳
種の起原 全二冊　ダーウィン 八杉龍一訳
自然発生説の検討　パストゥール 山口清三郎訳
科学談義　T・H・ハックスリ 小泉丹訳
メンデル 雑種植物の研究　岩槻邦男・須原準平訳
アインシュタイン 相対性理論　内山龍雄訳・解説
相対論の意味　アインシュタイン 矢野健太郎訳
アインシュタイン 一般相対性理論　小玉英雄編訳・解説
自然美と其驚異　ジョン・ラバック 板倉勝忠訳
ダーウィニズム論集　八杉龍一編訳

近世数学史談　高木貞治

ニールス・ボーア論文集1 因果性と相補性　山本義隆編訳

ニールス・ボーア論文集2 量子力学の誕生　山本義隆編訳

ハッブル 銀河の世界　戎崎俊一訳

パロマーの巨人望遠鏡 全二冊　D・O・ウッドベリー　関正雄・湯澤博・成相恭二訳

生物から見た世界　ユクスキュル クリサート　日高敏隆・羽田節子訳

ゲーデル 不完全性定理　林晋・八杉満利子訳

日本の酒　坂口謹一郎

ウィーナー サイバネティックス ―動物と機械における制御と通信　池原止戈夫・彌永昌吉・室賀三郎・戸田巌訳

熱輻射論講義　マックス・プランク　西尾成子訳

コレラの感染様式について　ジョン・スノウ　山本太郎訳

20世紀科学論文集 現代宇宙論の誕生　須藤靖編

高峰譲吉文集 いかにして発明国民となるべきか　鈴木淳編

相対性理論の起原 他四篇　廣重徹　西尾成子編

ガリレオ・ガリレイの生涯 他二篇　ヴィンチェンツォ・ヴィヴィアーニ　田中一郎訳

精選 物理の散歩道　ロゲルギスト　松浦壮訳

気体論講義 全二冊　ルートヴィヒ・ボルツマン　稲葉肇訳

《イギリス文学》〔赤〕

- ユートピア　トマス・モア／平井正穂訳
- 完訳 カンタベリー物語 全三冊　チョーサー／桝井迪夫訳
- ヴェニスの商人　シェイクスピア／中野好夫訳
- 十二夜　シェイクスピア／小津次郎訳
- ハムレット　シェイクスピア／野島秀勝訳
- オセロウ　シェイクスピア／菅泰男訳
- リア王　シェイクスピア／野島秀勝訳
- マクベス　シェイクスピア／木下順二訳
- ソネット集　シェイクスピア／高松雄一訳
- ロミオとジューリエット　シェイクスピア／平井正穂訳
- リチャード三世　シェイクスピア／木下順二訳
- 対訳 シェイクスピア詩集 —イギリス詩人選(1)　柴田稔彦編
- から騒ぎ　シェイクスピア／喜志哲雄訳
- 冬物語　シェイクスピア／桒山智成訳
- 言論・出版の自由 他一篇 —アレオパジティカ　ミルトン／原田純訳
- 失楽園 全二冊　ミルトン／平井正穂訳

- ロビンソン・クルーソー 全二冊　デフォー／平井正穂訳
- 奴婢訓 他一篇　スウィフト／深町弘三訳
- ガリヴァー旅行記　スウィフト／平井正穂訳
- トリストラム・シャンディ 全三冊　ロレンス・スターン／朱牟田夏雄訳
- ウェイクフィールドの牧師 —むだばなし　ゴールドスミス／小野寺健訳
- 幸福の探求 —アビシニアの王子ラセラスの物語　サミュエル・ジョンソン／朱牟田夏雄訳
- 対訳 ブレイク詩集 —イギリス詩人選(4)　松島正一編
- 対訳 ワーズワス詩集 —イギリス詩人選(3)　山内久明編
- 湖の麗人　スコット／入江直祐訳
- キプリング短篇集　橋本槇矩編訳
- 対訳 コウルリッジ詩集 イギリス詩人選(7)　上島建吉編
- 高慢と偏見 全二冊　ジェーン・オースティン／富田彬訳
- ジェイン・オースティンの手紙　新井潤美編訳
- マンスフィールド・パーク 全二冊　ジェイン・オースティン／新井潤美・宮丸裕二訳
- シェイクスピア物語 全二冊　チャールズ・ラム メアリー・ラム／安藤貞雄訳
- エリア随筆抄　チャールズ・ラム／南條竹則編訳
- デイヴィッド・コパフィールド 全五冊　ディケンズ／石塚裕子訳

- ディケンズ短篇集　小池滋・石塚裕子訳
- 炉辺のこほろぎ　ディケンズ／本多顕彰訳
- ボズのスケッチ 短篇小説篇 全二冊　ディケンズ／藤岡啓介訳
- アメリカ紀行 全二冊　ディケンズ／伊藤弘之・下笠徳次・隈元貞広訳
- 大いなる遺産 全二冊　ディケンズ／石塚裕子訳
- 荒涼館 全四冊　ディケンズ／佐々木徹訳
- 鎖を解かれたプロメテウス　シェリー／石川重俊訳
- アイルランド 歴史と風土　オフェイロン／橋本槇矩訳
- ジェイン・エア 全二冊　シャーロット・ブロンテ／河島弘美訳
- 嵐が丘 全二冊　エミリー・ブロンテ／河島弘美訳
- サイラス・マーナー　ジョージ・エリオット／土井治訳
- アルプス登攀記 全二冊　ウィンパー／浦松佐美太郎訳
- アンデス登攀記 全二冊　ウィンパー／大貫良夫訳
- ジーキル博士とハイド氏　スティーヴンスン／海保眞夫訳
- 南海千一夜物語　スティーヴンスン／中村徳三郎訳
- 若い人々のために 他十一篇　スティーヴンスン／岩田良吉訳
- 怪談 —不思議なことの物語と研究　ラフカディオ・ハーン／平井呈一訳

ドリアン・グレイの肖像	オスカー・ワイルド 富士川義之訳
サロメ	ワイルド 福田恆存訳
嘘から出た誠	ワイルド 岸本一郎訳
童話集 幸福な王子 他八篇	オスカー・ワイルド 富士川義之訳
分らぬもんですよ	バァナード・ショウ 市川又彦訳
ヘンリ・ライクロフトの私記	ギッシング 平井正穂訳
南イタリア周遊記	ギッシング 小池滋訳
闇の奥	コンラッド 中野好夫訳
密偵	コンラッド 土岐恒二訳
対訳 イエイツ詩集	高松雄一編
月と六ペンス	モーム 行方昭夫訳
読書案内 —世界文学	W・S・モーム 西川正身訳
世界の十大小説 全二冊	W・S・モーム 西川正身訳
人間の絆 全三冊	モーム 行方昭夫訳
サミング・アップ	モーム 行方昭夫訳
モーム短篇選 全二冊	行方昭夫編訳
アシェンデン —英国情報部員のファイル	モーム 中島賢二 岡田久雄訳
お菓子とビール	モーム 行方昭夫訳
荒地	T・S・エリオット 岩崎宗治訳
オーウェル評論集	小野寺健編訳
パリ・ロンドン放浪記	ジョージ・オーウェル 小野寺健訳
動物農場 —おとぎばなし	ジョージ・オーウェル 川端康雄訳
対訳 キーツ詩集 —イギリス詩人選(10)	宮崎雄行編
キーツ詩集	中村健二訳
オルノーコ 美しい浮気女	アフラ・ベイン 土井治訳
新編 イギリス名詩選	川本皓嗣編
中世イギリス英雄叙事詩 ベーオウルフ	忍足欣四郎訳
タイム・マシン 他九篇	H・G・ウェルズ 橋本槙矩訳
解放された世界	H・G・ウェルズ 浜野輝訳
大転落	イーヴリン・ウォー 富山太佳夫訳
回想のブライズヘッド 全二冊	イーヴリン・ウォー 小野寺健訳
愛されたもの	イーヴリン・ウォー 中村健二 出淵博訳
フォースター評論集	小野寺健編訳
白衣の女 全三冊	ウィルキー・コリンズ 中島賢二訳
アイルランド短篇選	橋本槙矩編訳
灯台へ	ヴァージニア・ウルフ 御輿哲也訳
狐になった奥様	ガーネット 安藤貞雄訳
フランク・オコナー短篇集	阿部公彦訳
たいした問題じゃないが —イギリス・コラム傑作選	行方昭夫編訳
真昼の暗黒	アーサー・ケストラー 中島賢二訳
文学とは何か —現代批評理論への招待 全二冊	テリー・イーグルトン 大橋洋一訳
D・G・ロセッティ作品集	南條竹則 松村伸一編訳
真夜中の子供たち 全二冊	サルマン・ラシュディ 寺門泰彦訳
英国古典推理小説集	佐々木徹編訳

《アメリカ文学》〔赤〕

ギリシア・ローマ神話 付 インド・北欧神話　ブルフィンチ 野上弥生子訳
中世騎士物語　ブルフィンチ 野上弥生子訳
フランクリン自伝　松本慎一 西川正身 訳
スケッチ・ブック 全二冊　アーヴィング 齊藤昇訳
アルハンブラ物語 全二冊　アーヴィング 平沼孝之訳
ウォルター・スコット邸訪問記　アーヴィング 齊藤昇訳
ブレイスブリッジ邸　アーヴィング 齊藤昇訳
完訳 緋文字　ホーソーン 八木敏雄訳
黒猫・モルグ街の殺人事件 他五篇　ポオ 中野好夫訳
対訳 ポー詩集 —アメリカ詩人選(1)　加島祥造編
黄金虫・アッシャー家の崩壊 他九篇　ポオ 八木敏雄訳
ポオ評論集　八木敏雄編訳
森の生活(ウォールデン) 全二冊　ソロー 飯田実訳
市民の反抗 他五篇　H・D・ソロー 飯田実訳
白鯨 全三冊　メルヴィル 八木敏雄訳
ビリー・バッド　メルヴィル 坂下昇訳
ホイットマン自選日記 全二冊　杉木喬訳
対訳 ホイットマン詩集 —アメリカ詩人選(2)　木島始編
対訳 ディキンソン詩集 —アメリカ詩人選(3)　亀井俊介編
不思議な少年　マーク・トウェイン 中野好夫訳
王子と乞食　マーク・トウェーン 村岡花子訳
人間とは何か　マーク・トウェイン 中野好夫訳
ハックルベリー・フィンの冒険 全二冊　マーク・トウェイン 西田実訳
いのちの半ばに　ビアス 西川正身訳
新編 悪魔の辞典　ビアス 西川正身編訳
ビアス短篇集　大津栄一郎編訳
ねじの回転 デイジー・ミラー　ヘンリー・ジェイムズ 行方昭夫訳
ワシントン・スクエア　ヘンリー・ジェイムズ 河島弘美訳
ノリス 死の谷 マクティーグ 全二冊　石田英二 井上宗次 訳
シスター・キャリー 全二冊　ドライサー 村山淳彦訳
響きと怒り 全二冊　フォークナー 平石貴樹 新納卓也 訳
アブサロム、アブサロム! 全二冊　フォークナー 藤平育子訳
八月の光 全二冊　フォークナー 諏訪部浩一訳
武器よさらば 全二冊　ヘミングウェイ 谷口陸男訳
チャーリーとの旅 —アメリカを探して　ジョン・スタインベック 青山南訳
オー・ヘンリー傑作選　大津栄一郎訳
アメリカ名詩選　亀井俊介 川本皓嗣 編
魔法の樽 他十二篇　マラマッド 阿部公彦訳
風と共に去りぬ 全六冊　マーガレット・ミッチェル 荒このみ訳
対訳 フロスト詩集 —アメリカ詩人選(4)　川本皓嗣編
とんがりモミの木の郷 他五篇　セアラ・オーン・ジュエット 河島弘美訳
無垢の時代　イーディス・ウォートン 河島弘美訳
暗闇に戯れて —白さと文学的想像力　トニ・モリスン 都甲幸治訳

岩波文庫の最新刊

バルガス＝リョサ作／旦 敬介訳

世界終末戦争（上）

十九世紀のブラジルに現れたコンセリェイロおよびその使徒たちと、彼らを殲滅しようとする中央政府軍の死闘を描く、ノーベル賞作家、円熟の巨篇。（全二冊）　〔赤七九六-六〕　**定価一五〇七円**

大田洋子作

屍の街・夕凪の街と人と

自身の広島での被爆体験をもとに、原爆投下後の惨状や、人生を破壊され戦後も苦しむ人々の姿を描いた、原爆文学の主要二作。（解説＝江刺昭子）　〔緑二三七-一〕　**定価一三八六円**

ブーニン作／高橋知之訳

ミーチャの恋・日射病 他十篇

人間を捕らえる愛の諸相を精緻な文体で描いた亡命ロシア人作家イワン・ブーニン（一八七〇―一九五三）。作家が自ら編んだ珠玉の中短編小説集、初の文庫化。　〔赤六四九-一〕　**定価一一五五円**

太宰治作／安藤宏編

惜別・パンドラの匣

日本留学中の青年魯迅をモデルに描く「惜別」と、結核療養所を舞台としたみずみずしい恋愛小説「パンドラの匣」、〈青春小説〉二篇。（注＝斎藤理生、解説＝安藤宏）　〔緑九〇-一二〕　**定価一三二一円**

……今月の重版再開……

山田準・五弓安二郎訳註

佐藤一斎 言志四録

定価一五〇七円　〔青三一-一〕

山本義彦編

清沢洌評論集

定価一二一〇円　〔青一七八-二〕

岩波文庫の最新刊

ラフカディオ・ハーン作／平井呈一訳

骨董——さまざまの蜘蛛の巣のかかった日本の奇事珍談

日本各地の伝説や怪談を再話した九篇を集めた「古い物語」と、十一篇の随筆による小品集。純化渾一された密度の高い名作。(解説＝円城塔)

〔赤二四四-三〕 定価七九二円

木村学編

20世紀科学論文集

プレート・テクトニクス革命

一九七〇年代初め、伝統的な地質学理論はプレート・テクトニクスの確立により覆された。地球科学のパラダイムシフトを原著論文でたどる。

〔青九五七-一〕 定価一一五五円

永井荷風著／中島国彦・多田蔵人校注

断腸亭日乗(四) 昭和八—十年

永井荷風は、死の前日まで四十一年間、日記『断腸亭日乗』を書き続けた。(四)は、昭和八年から十年まで。(注解・解説＝中島国彦)(全九冊)

〔緑四二-一七〕 定価一二六五円

バルガス＝リョサ作／旦敬介訳

世界終末戦争(下)

「権力構造の地図と、個人の抵抗と反抗、そしてその敗北を痛烈なイメージで描いた」、現代ラテンアメリカ文学最後の巨人バルガス＝リョサの代表作。(全二冊)

〔赤七九六-七〕 定価一五七三円

……今月の重版再開……

次田香澄校訂

玉葉和歌集

定価一七一六円

〔黄一三七-一〕

ラフカディオ・ハーン著／平井呈一訳

心——日本の内面生活の暗示と影響

定価一〇〇一円

〔赤二四四-一〕

定価は消費税10％込です　2025.8